Abhandlungen
aus dem Gebiet der Bäder- und Klimaheilkunde
Herausgegeben von
H. Vogt-Breslau · K. Knoch-Berlin
Heft 3

Die atmosphärischen Kondensationskerne

in ihrer physikalischen, meteorologischen und bioklimatischen Bedeutung

bearbeitet von
H. Burckhardt · H. Flohn
mit Berichten über Meßergebnisse von
E. Flach · L. Schulz

Mit 23 Abbildungen

Berlin
Verlag von Julius Springer
1939

ISBN-13: 978-3-642-88899-1 e-ISBN-13: 978-3-642-90754-8
DOI: 10.1007/978-3-642-90754-8

Aus dem Reichsamt für Wetterdienst
und seinen Außenstellen.

Inhaltsverzeichnis.

Vierter Teil

Fünfter Teil

Einleitung[1].

Das Problem der Kondensationskerne und seine Bearbeitung im Reichsamt für Wetterdienst.

Von H. BURCKHARDT-Berlin.

Geschichtliche Entwicklung.

Die klassischen Vorstellungen vom Verhalten des Wasserdampfes der atmosphärischen Luft in Abhängigkeit von den Zustandsgegebenheiten Druck, Temperatur und Volumen der Luft gründeten sich auf das empirisch gewonnene Gesetz, daß die Luft bei einer festen Temperatur nur eine eindeutig bestimmte Höchstmenge von Wasserdampf aufzunehmen imstande ist. Wird der Luft über diese Höchstmenge hinaus weiterer Wasserdampf zur Verfügung gestellt, so vollzieht sich sofort für den überschießenden Teil der Übergang von der gasförmigen zur flüssigen Phase, es tritt so lange *Kondensation* ein, bis die vorhandene Wasserdampfmenge mit der durch die Temperatur festgelegten Höchstmenge in Einklang steht. Die Änderungen der Temperatur im Zusammenhang mit Änderungen von Druck und Volumen waren auf Grund der Gasgesetze bekannt, die Abhängigkeit der Sättigungsmenge von der Temperatur war in Form der Dampfdruckkurve festgelegt, die Rolle des Wasserdampfes bei atmosphärischen Vorgängen schien also kein Problem mehr zu sein.

Eine wesentliche Änderung in dieser Frage trat ein, als man entdeckte, daß Luft, die nicht mit ausgedehnten Wasserflächen in Berührung steht, dem beschriebenen Gesetz nicht gehorcht, sondern erst bei einer — teilweise beträchtlichen — Übersättigung mit Wasserdampf beginnt, Wasser oder Eis auszuscheiden. Der Grund zu dieser Abweichung liegt in dem Unterschied der Dampfspannung über ebenen bzw. gekrümmten Wasseroberflächen. Über kleinen und daher stark gekrümmten Wassertröpfchen ist der Dampfdruck so stark erhöht, daß diese sofort nach Entstehen wieder verdampfen müßten, wenn nicht der allgemeine Dampfdruck der umgebenden, in bezug auf ebene Wasserflächen schon stark übersättigten Luft groß genug wäre, um die Verdampfung zu verhindern.

Als erster hat COULIER[2] im Jahre 1875 erkannt, daß diese zum Eintritt der Kondensation notwendige Übersättigung stark herabgesetzt wird, wenn in der Luft Materieteilchen vorhanden sind, sofern nicht die Luft überhaupt in Berührung mit ausgedehnteren Oberflächen fester oder flüssiger Körper steht. Diese Materieteilchen bilden auf Grund von Eigenschaften, deren Besprechung einem späteren Abschnitt (S. 23) vorbehalten bleiben soll, Ausgangspunkte der

---

[1] Für wertvolle Hinweise sind die Verfasser Herrn Dr. W. FINDEISEN, Friedrichshafen, und Herrn Dr. Chr. JUNGE, Berlin, zu besonderem Dank verpflichtet.

[2] COULIER: Note sur une nouvelle Propriété de l'air. J. Pharmacie **22**, 165—173, 254—255 (1875).

Kondensation des Wasserdampfes, die in Form von Dunst- und Nebeltröpfchen auftritt. Diese Partikelchen, die einen Teil des in der Luft schwebend vorhandenen „Aerosols" darstellen, werden daher *Kondensationskerne* genannt.

Das Ergebnis von Coulier wurde in der Folge von Kiessling (1884), Mascart (1893), Aitken (1887) u. a. bestätigt. Der letztgenannte Forscher schuf zum ersten Male einen bequemen und handlichen Apparat zur Bestimmung der Anzahl der Kondensationskerne je Volumeinheit, den nach ihm benannten Aitkenschen Kernzähler, von ihm als „dust-counter" (Staubzähler) bezeichnet.

Aitken selbst untersuchte in einer großen Zahl von Arbeiten [1—5[1], u. a.] das Verhalten der Kernzahlen und ihre Abhängigkeit von anderen meteorologischen Faktoren. Gleich ihm setzte sich auch C. T. R. Wilson mit dem Problem der Wasserdampfkondensation in mehreren grundlegenden Arbeiten auseinander. Eine neue Note erhielt das Problem der Kondensationskerne jedoch durch Einbeziehung in den Bereich der Luftelektrizität. Als Träger der Luftelektrizität entdeckten in ihren grundlegenden Arbeiten um die Jahrhundertwende Elster und Geitel die „Luftionen". Neben diesen kleinen, leicht beweglichen, elektrisch geladenen Teilchen fand im Jahre 1905 Langevin die teilweise nach ihm benannten schweren Ionen, die in 10—100facher Anzahl vorhanden sind und eine etwa tausendmal geringere Beweglichkeit aufweisen. Auch sie sind Träger von Luftelektrizität, wenn sie auch infolge ihrer geringeren Beweglichkeit für die dynamischen Vorgänge unmittelbar keine so große Bedeutung haben wie die Kleinionen. Sie stellen ein höchst variables Element der Luftelektrizität dar, das mit den Kleinionen und den Kondensationskernen in wichtiger Beziehung steht. Man konnte feststellen, daß die Großionen als Kondensationskerne wirken und daß umgekehrt ein Teil der in der Luft vorhandenen Kondensationskerne elektrisch geladen ist, also Großionen darstellt. Es ergab sich ferner, daß die Lebensdauer der Kleinionen sehr wesentlich von der Zahl der in der Luft enthaltenen Kondensationskerne abhängt. So trat das Problem der Kernzahlbestimmung in enge Beziehung mit luftelektrischen Untersuchungen, und wir sehen auf diesem Boden in der Folgezeit viele Arbeiten heranwachsen.

Obwohl sich die medizinische Wissenschaft schon früher mit der Einwirkung des Aerosols auf den menschlichen Körper in mehr oder minder vager Form beschäftigt hatte (s. a. S. 88), griff sie die Beschäftigung mit den Kondensationskernen erst auf dem Wege über die luftelektrischen Forschungen auf. In den letzten Jahren wird nun auch an diesem Fragenkomplex des medizinisch-meteorologischen Grenzgebietes viel gearbeitet, wovon besonders der Dritte Teil dieser Veröffentlichung berichten soll.

Neben der Erforschung der horizontalen Verteilung der Kerne und des Zusammenhanges mit anderen meteorologischen Faktoren wurde auch der Kerngehalt der höheren Luftschichten einer Untersuchung unterzogen. Als erster stellte Wigand [2, 3] in den Jahren 1911—1913 systematische Messungen des Kerngehalts höherer Luftschichten mit Hilfe des Freiballons fest, nachdem früher nur gelegentlich Angaben dieser Größe im Zusammenhang mit luftelektrischen Untersuchungen gemacht worden waren. Die Erkenntnis von der Wichtig-

[1] Die in Klammern gesetzten Zahlen bedeuten jeweils die Nummern der Arbeit im Literaturverzeichnis auf S. 120—123.

keit und der Bedeutung der in der Luft suspendierten Materie führte zu der neuen und interessanten Arbeitsgrundlage, „die Atmosphäre als Kolloid" aufzufassen und zu behandeln, wie dies von SCHMAUSS und WIGAND in ihrem Werke ausgeführt ist.

Es ist einleuchtend, daß sich die Wissenschaft, wenn sie sich über die Frage der Kondensationskerne Klarheit verschaffen will, sich nicht nur mit der quantitativen Verteilung in der Atmosphäre befassen darf, sondern auch ihre *Zusammensetzung*, *Größe* und *Gestalt* sowie *Herkunft* einer Untersuchung unterziehen muß. Nachdem man ursprünglich Staub und Kerne als identisch ansah, gelangte man später zu der Überzeugung, daß Staubteilchen überhaupt nicht als Kondensationskerne wirken, daß letztere vielmehr aus hygroskopischen Salzteilchen bestehen. Die neueste Entwicklung deutet darauf hin, daß wohl eine Synthese beider Meinungen unter weitgehender Einbeziehung der Verbrennungsprodukte der Wahrheit am nächsten kommt.

Daß auch zum Übergang aus der gasförmigen in die feste Phase, zur Sublimation des Wasserdampfes, Kerne vorhanden sein müssen, konnte zum ersten Male A. WEGENER bei Frostübersättigungsmessungen in Grönland zeigen. Diesen sog. Sublimationskernen wendet man in der allerneuesten Zeit (FINDEISEN [3]) erhöhte Aufmerksamkeit zu, da sie für den Vorgang der Niederschlagsbildung eine sehr wesentliche Rolle spielen.

Die Untersuchung des Kerngehalts der Luft erhielt besonders in Deutschland einen erneuten Antrieb durch die Konstruktion eines neuen Kernzählers von SCHOLZ [1, 2], der manche Fehler des AITKENschen Apparates vermeidet und vor allem einen viel größeren Meßbereich als das genannte ältere Modell aufweist.

Kernzahlmessungen im Bereich des Reichsamts für Wetterdienst.

Das Reichsamt für Wetterdienst, Berlin, dem u. a. die Leitung und Betreuung aller wissenschaftlichen Arbeiten im Deutschen Reichswetterdienst anvertraut ist und dem zur Durchführung von Sonderuntersuchungen eine größere Zahl von Observatorien und Forschungsstellen zur Verfügung steht, nahm sich auch der Kernzahlmessungen an, nicht zuletzt wegen ihrer Bedeutung für Fragen biometeorologischer Art, die gerade beim Reichsamt durch die tatkräftige Unterstützung seines Präsidenten, Herrn Professor Dr. KNOCH, eine eingehende Bearbeitung erfahren. Nachdem die oben erwähnte neue Konstruktion des SCHOLZschen Kernzählers die instrumentelle Grundlage für die Ausführung untereinander vergleichbarer Messungen bot, rüstete das Reichsamt im Jahre 1936 eine Reihe seiner Observatorien und Forschungsstellen mit dem kleinen Modell des SCHOLZschen Apparates aus und ordnete die Durchführung von Voruntersuchungen an, die zunächst der Klärung von Zusammenhängen zwischen der Kernzahl einerseits und der Höhe und dem Luftkörper andererseits dienen sollten.

An folgenden Dienststellen des Reichsamts wurden demzufolge Bestimmungen des Kerngehaltes der Luft ausgeführt:

Observatorium Wahnsdorf;
Agrarmeteorologische Forschungsstelle: Müncheberg/Mark;
Bioklimatische Forschungsstellen: Braunlage — Bad Elster — Friedrichroda — Wyk auf Föhr;

Bergobservatorien: Brocken — Feldberg/Schwarzwald — Kalmit — Schneekoppe — Zugspitze;

Kurortklimakreisstellen: Südschwarzwald in St. Blasien — Ostsachsen in Dresden/Bad Weißer Hirsch — Hessen-Waldeck in Marburg — Ostfriesland in Norderney — Allgäu in Oberstdorf — Weserbergland in Bad Salzuflen/Lippe — Oberbayern in Bad Tölz — Schlesien in Bad Warmbrunn.

Die geographische Verteilung der Meßorte ist aus Abb. 1 ersichtlich.

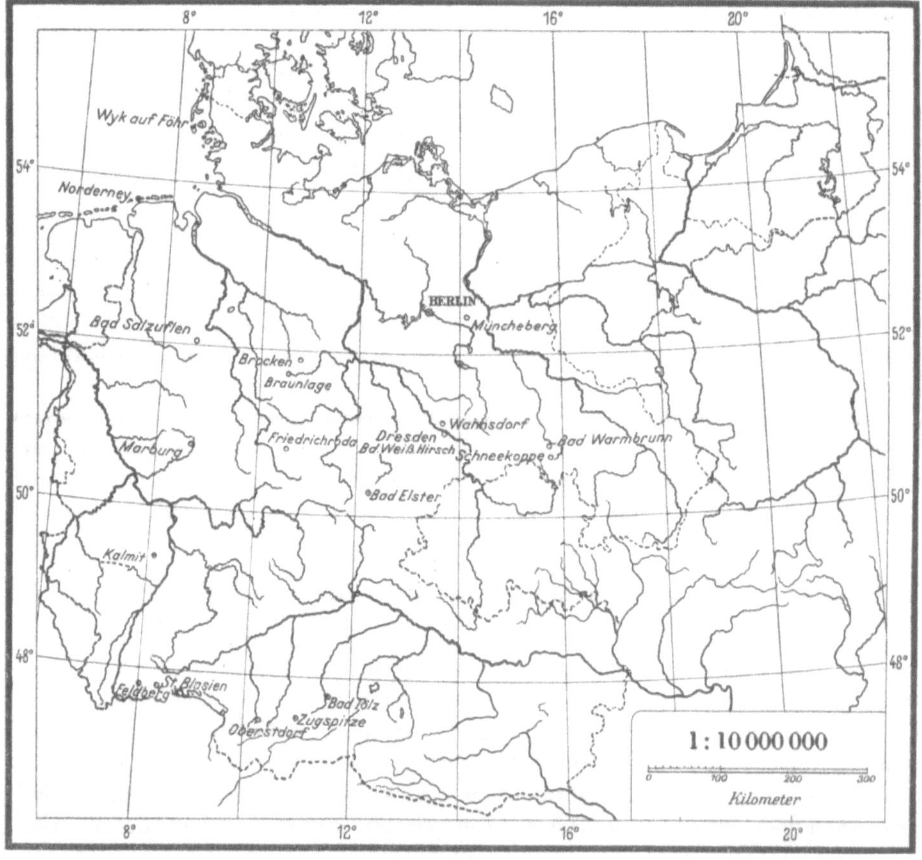

Abb. 1. Kernzahlmessungen an Dienststellen des Reichsamts für Wetterdienst.

Aus den Erfahrungen dieser Voruntersuchungen heraus wurde für die Folge eine Eingliederung der Kernzahlbestimmungen in den täglichen Beobachtungsdienst für die meisten der angegebenen Dienststellen angeordnet. Als Haupttermin wurde 11 Uhr Ortszeit festgesetzt; dieser Termin fällt zusammen mit einem der täglichen fünf Beobachtungstermine an den Kurortklimabeobachtungsstellen. Die Wahrnehmung eines weiteren Beobachtungstermines (08 Uhr OZ. bei den Bergstationen, 17 Uhr OZ. bei allen anderen Beobachtungsstellen), sowie die Durchführung besonderer Meßreihen zur Bestimmung des Tagesganges, der lokalklimatologischen Zusammenhänge und der Abhängigkeit der Kernzahl von bestimmten Witterungsvorgängen, wurden als erwünscht bezeichnet.

Zweck und Ziel der vorliegenden Arbeit.

Die vorliegende Veröffentlichung soll einmal die wesentlichen Ergebnisse der bisherigen Kernzahlbestimmungen an den Dienststellen des Reichsamts für Wetterdienst mitteilen. Dies geschieht in den ersten drei Teilen, besonders aber im Zweiten Teil in einer zusammenfassenden, nach bestimmten Gesichtspunkten gegliederten Bearbeitung des vorliegenden Materials, während im Vierten und Fünften Teil Originalberichte zur Veröffentlichung gelangen.

Andererseits sollen die ersten drei Teile unter weitgehender Berücksichtigung des bis jetzt über die Kondensationskerne erschienenen Schrifttums eine monographische Darstellung des ganzen Problems vermitteln; dabei sollen der Erste und Zweite Teil die mehr meteorologisch-physikalische, der Dritte Teil die biometeorologisch-medizinische Seite behandeln.

Diese zweite Aufgabe erscheint im Rahmen der Schriftenreihe aus dem Gebiet der Bäder- und Klimaheilkunde um so wichtiger, als gerade im Grenzgebiet zwischen zwei Disziplinen eine umfassende Darstellung des gegenwärtigen Forschungsstandes von seiten der einen Disziplin aus die andere Seite vor unnötigen Arbeiten und gefährlichen Fehlschlüssen bewahren kann. Es gibt schon viele Beispiele dafür, daß eine Disziplin einen Punkt aus der Arbeit der anderen aufgegriffen und diesen zum Ausgangspunkt zahlreicher Untersuchungen unter ihrem Gesichtswinkel gemacht hat, ohne zu beachten, daß dieser Ausgangspunkt bei der ursprünglichen Disziplin nach dem Stand der Forschung zu diesem Zeitpunkt schon als überholt gelten konnte. Auch die Kondensationskerne scheinen für das meteorologisch-medizinische Grenzgebiet — wie sich der englische Meteorologe Sir N. Shaw in einem anderen Zusammenhang ausdrückt — sowohl wie für die Meteorologie selbst „a new deal", ein frisch ausgeteiltes Kartenspiel, ein neues Stichwort zu sein, das nun nach allen Seiten hin ausgespielt wird. Es erscheint daher nützlich, den gegenwärtigen Erkenntnisstand aufzuzeigen, um einerseits unnötige Arbeiten zu verhindern und andererseits die Richtung anzudeuten, in der die zukünftige Forschung zweckmäßig weiterschreitet.

Erster Teil.

Die physikalische Bedeutung der Kondensationskerne.

Von H. BURCKHARDT-Berlin.

1. Instrumente und Meßmethoden.

Die bisher hauptsächlich zur Untersuchung der Kondensationskerne verwendeten Instrumente gestatteten im wesentlichen eine Feststellung des Kerngehaltes der Luft, der *Kernzahl*. Als Kernzahl N definiert man hierbei die Anzahl der Kerne in 1 ccm Luft.

Das Meßprinzip der in Verwendung befindlichen Kernzähler von AITKEN und SCHOLZ beruht darauf, mit Wasserdampf gesättigte Luft einer plötzlichen, adiabatischen Expansion zu unterwerfen. Nach einer Abwandlung des POISSONschen Gesetzes

$$T \cdot V^{k-1} = \text{const.},$$

wo T die Temperatur, V das Volumen und k das Verhältnis der spezifischen Wärmen bei konstantem Druck und bei konstantem Volumen bedeuten, ist die Ausdehnung mit einer Temperaturerniedrigung verbunden. Die vor der Ausdehnung bereits mit Wasserdampf gesättigte Luft ist nach der Ausdehnung infolge der Temperaturabnahme übersättigt, und es tritt infolgedessen an den vorhandenen Kernen eine Kondensation des überschüssigen Wasserdampfes zu sichtbaren Nebeltröpfchen ein. Diese Nebeltröpfchen fallen im Rezipienten des Gerätes als feiner Regen auf die Bodenfläche. Es wird nun abgezählt, wieviel Tröpfchen auf 1 ccm der Bodenfläche entfallen und aus dieser Tröpfchenzahl n die Kernzahl N je ccm berechnet.

Abb. 2. AITKENscher Kernzähler (nach KLEINSCHMIDT, Handbuch der meteor. Instr.).

Das erste Instrumentarium, mit dem AITKEN seine Versuche anstellte, bestand aus Glasflaschen und einer Luftpumpe. Diese an das Laboratorium gebundene Vorrichtung verbesserte er zu einem „portable dust-counter“, der aber immer noch recht unhandlich war. Um überall Messungen durchführen zu können, konstruierte er später den kleineren „Taschenzähler“ („pocket dust-counter“), der eine sehr weite Verbreitung fand. Der Aufbau dieses Instrumentes ist aus Abb. 2 ersichtlich. Der Rezipient R ist 1 cm hoch, hat 6 ccm Rauminhalt und ist von zylindrischer Form. Der Zylindermantel ist innen mit Fließpapier bekleidet, das mit Wasser angefeuchtet wird und die Rezipientenluft bis zur Sättigung mit Wasserdampf versorgt; Grund- und Deckfläche bestehen aus Glasplatten. In die untere ist eine Teilung nach qmm eingeritzt, während auf die obere eine Lupe M aufgesetzt ist. Das Innere des Rezipienten kann durch 2 Hähne H und h mit der Außenluft ver-

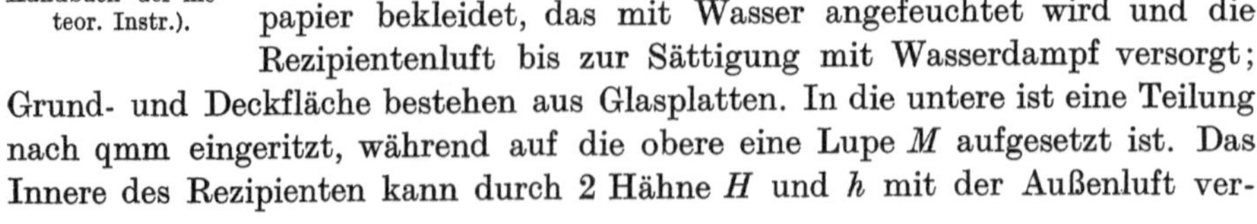

bunden werden. Dabei kann der Hahn H auch wahlweise so eingestellt werden, daß er den Rezipienten mit der Luftpumpe L verbindet. Am Schaft der Pumpe L sind Marken mit den Bezeichnungen 1/5, 1/10, 1/20, 1/50 und 1/100 angebracht; diese bedeuten, daß die Pumpe L, wenn der Schieber S auf diese Marken eingestellt wird, gerade diese Bruchteile des Rezipientenvolumens faßt.

Eine Messung verläuft nach dem gebräuchlichsten Verfahren in ihren wesentlichsten Teilen folgendermaßen: Man öffnet Hahn h und verbindet R durch H mit L. Der Schieber S wird dann auf eine Marke des Pumpenschaftes, etwa 1/10, eingestellt. Dadurch strömt von außen durch h kernhaltige Luft von 1/10 Volumen des Rezipienten in denselben, während die vorher gereinigte (s. unten) Luft des Rezipienten in gleicher Menge in die Pumpe P gelangt. Dann schließt man h und verbindet P durch H mit der Außenluft; durch Zurückbringen von S in die Ausgangslage drückt man die gereinigte Luft aus P ins Freie. Nun mischt man im Innern des Rezipienten durch Bedienen eines Rührflügels die eingeführte Luftprobe mit der gereinigten Rezipientenluft und verbindet wieder den Rezipienten durch H mit der Pumpe P. Führt man nun den Schieber S rasch nach unten, bis zur Marke 1/5, so bewirkt man dadurch eine adiabatische Ausdehnung des Rezipienteninhalts im Verhältnis 1 : 1,2 und damit eine Temperaturerniedrigung der Luft, bei der der Taupunkt unterschritten wird. Die durch Kondensation sich bildenden Nebeltröpfchen fallen auf das untere Deckglas, auf dessen quadratischer Teilung sie mittels der Lupe M ausgezählt werden; zur besseren Sichtbarmachung wird die Zählfläche von unten durch den Spiegel Sp in Dunkelfeldbeleuchtung erhellt. Nach dieser ersten Dilatation wird der Schieber S wieder in die Ausgangslage zurückgebracht und ein zweites Mal dilatiert; auch hierbei werden die fallenden Tröpfchen ausgezählt. Dieses Verfahren wird so lange fortgesetzt, bis keine Tröpfchen mehr fallen, bis also die Luft im Rezipienten keine wirksamen Kerne mehr enthält.

Seien $n_1, n_2, n_3 \ldots$ die Zahl der Tröpfchen, die bei den einzelnen Dilatationen je qmm ausfallen, so ist die Gesamtzahl $n = n_1 + n_2 + n_3 + \cdots$, aus der sich die Kernzahl N pro ccm nach folgender angenäherter Formel berechnet:

$$N = 100 \cdot S \cdot n,$$

wobei $1/S$ die am Pumpenschaft eingestellte Verdünnung beim Einführen der Luftprobe ist. Diese AITKENsche Formel ist nur angenähert richtig. Zur genaueren Rechnung müssen noch Korrektionsglieder angebracht werden, auf die hier jedoch nicht näher eingegangen werden soll[1].

Vor der ersten Messung muß die Luft im Innern des Rezipienten dadurch gereinigt werden, daß man so lange dilatiert, bis keine Tröpfchen mehr ausfallen. Diese Reinigung wird dann durch die Messungen selbst immer wieder automatisch durchgeführt, so daß nach dem letzten Pumpenzug einer Messung der Apparat bereits wieder für die nächste Messung bereit ist.

Der ursprüngliche AITKENsche Apparat wurde später von LÜDELING mit einigen Verbesserungen versehen. WIGAND gab dann dem Kernzähler durch Anbringen eines Handgriffes und vergrößerter Handhaben zur Bedienung des

---

[1] Näheres in: KLEINSCHMIDT: Handbuch der meteorologischen Instrumente. Berlin 1935, S. 253—256.

Pumpenschiebers S eine Form, die ihn besonders zur Messung unter den erschwerten Bedingungen bei Ballonaufstiegen geeignet machten.

Einige Modelle des AITKENschen Apparates, die alle von der gleichen Herstellerfirma stammen, wiesen fehlerhafte Verdünnungsmarken auf, wodurch die Meßergebnisse merklich gefälscht wurden. Auf diese Tatsache machten zuerst die irischen Physiker NOLAN und O'BROLCHAIN aufmerksam. Einige Forscher mußten hierauf die Ergebnisse ihrer früheren Arbeiten korrigieren, so HESS [2] und ISRAËL [5]. Nach ISRAËL sind die Fehler bei allen in Betracht kommenden Instrumenten jedoch ziemlich gleich. ISRAËL [5] sowie HESS und O'BROLCHAIN gaben Methoden zur genauen Anbringung der Verdünnungsmarken an.

Die *Meßgenauigkeit des* AITKEN*schen Kernzählers* ist nicht sehr groß. Es muß im allgemeinen mit Abweichungen von 10%, in extremen Fällen bis zu 20% gerechnet werden. Diese Ungenauigkeit ist zu einem großen Teil schon durch die zufällige Verteilung der Tröpfchen auf der Zählfläche bedingt. Man macht daher stets eine Anzahl, meist 10, von Einzelmessungen und mittelt das Ergebnis. SCRASE (nach LANDSBERG [6]) fand auf Grund wahrscheinlichkeitstheoretischer Untersuchungen, daß der mittlere Fehler bei einer Meßreihe von 20 Einzelmessungen, bei denen je Pumpenzug etwa 5 Tröpfchen je qmm ausfallen, rund 9% beträgt und daß zu einer Reduzierung dieses mittleren Fehlers auf den halben Betrag schon 80 Einzelmessungen erforderlich sind. — Eine weitere Fehlermöglichkeit ist durch Irrtümer beim Zählen gegeben; aus psychologischen Gründen soll die Größe der Luftprobe etwa so bemessen sein, daß je Pumpenzug nicht mehr als 7 Tröpfchen auf den qmm ausfallen, da jede größere Anzahl dem Auge als „viel" erscheint und nicht mehr mit einem Blick erfaßt werden kann. Das schnelle Erfassen der Tröpfchenzahl ist aber notwendig, da unter bestimmten Bedingungen die Tropfen schnell verdampfen und der Zählung zu entgehen drohen. — Ungenaues Einstellen des Pumpenschiebers auf die Verdünnungsmarken liefert ebenfalls merkliche Fehler. — Schließlich ist auch der oft rasch wechselnde Kerngehalt der Luft („Kernböigkeit") einer genauen Feststellung der Kernzahl durch eine größere Meßreihe hinderlich.

Die irischen Physiker J. J. NOLAN und P. J. NOLAN [2] wiesen auch darauf hin, daß kleine Undichtigkeiten im Zähler, die sonst nur geringfügige Fehler bedingen würden, dann sich sehr erheblich auswirken müssen, wenn die Luftproben im Freien entnommen werden, die Messung aber in der bedeutend kernreicheren Luft eines Zimmers ausgeführt wird.

Die Angaben über die Meßgrenzen des AITKENschen Zählers schwanken etwas in der Literatur. Als Untergrenze wird im allgemeinen ein Kerngehalt von 125 je ccm angegeben, dem bei einer Verdünnung von 1/5 die Tröpfchenzahl 1 auf je 4 Zählquadrate entspricht. Nach WIGAND [3] ist es üblich, bei geringem Kerngehalt der Luft, der z. B. nur bei jeder fünften Teilmessung ein Tröpfchen je 4 qmm liefert, die Zahl 125 durch die Zahl der Einzelmessungen, also hier durch 5 zu dividieren und als Kerngehalt „<25" anzugeben. Damit ist aber die wirkliche, instrumentelle Untergrenze des Meßbereiches noch nicht herabgesetzt worden, was NEUBERGER [3] offenbar mißverstanden hat. — Eine andere Möglichkeit, in sehr kernarmer Luft noch Messungen machen zu können, ist die, das ganze Innere des Rezipienten durch Abschrauben des Deckels und Hin- und Herbewegen des Gerätes im Winde mit der zu untersuchenden Luft zu füllen

(Nolan und Nolan [2], Wigand [5]). — Die Obergrenze des Meßbereiches wird ziemlich übereinstimmend mit 200000 angegeben; sie ist dann erreicht, wenn bei einer Verdünnung von 1/100 noch 20 Tröpfchen je qmm fallen. Alle größeren Kernzahlen können nur noch ungefähr geschätzt werden.

Die Meßgrenzen des Aitkenschen Apparates genügen nur schlecht den in der Praxis vorkommenden Verhältnissen. Einmal kommen besonders bei Messungen auf dem Ozean und in größeren Höhen oft Kernzahlen unter 100 vor, deren Bestimmung unmöglich ist, wenn man nicht die physikalisch unbefriedigende Methode des Verdünnungsverhältnisses 1 : 1 anwenden will. Auf der anderen Seite bewegen sich die Kernzahlen bei Messungen innerhalb menschlicher Siedlungen, besonders innerhalb von Großstädten, in der Größenordnung von 10^6, die nur innerhalb ihres allerkleinsten Teiles noch einigermaßen richtig erfaßt werden kann.

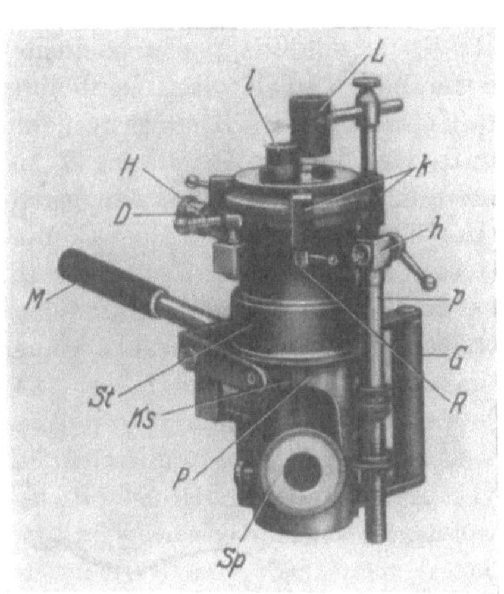

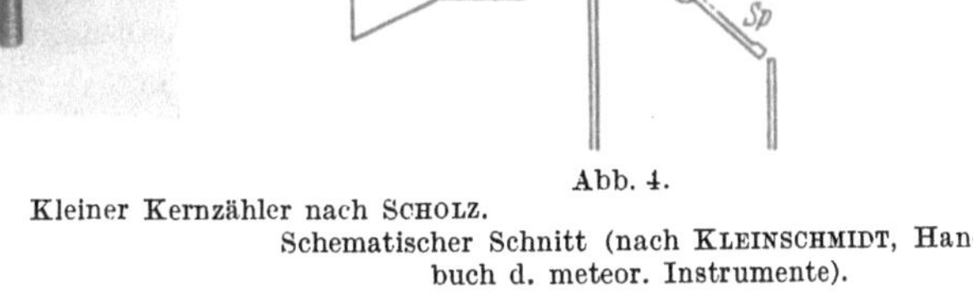

Abb. 3. Äußeres. Abb. 4. Schematischer Schnitt (nach Kleinschmidt, Handbuch d. meteor. Instrumente).

Kleiner Kernzähler nach Scholz.

Um einerseits dieser nachteiligen Einengung des Meßbereiches abzuhelfen, andererseits auch um gewisse Fehler der Aitkenschen Konstruktion zu vermeiden, baute Scholz [1, 2] einen neuen Kernzähler, der nach ihm benannt wurde. Das sog. kleine Modell dieses Kernzählers (hergestellt bei der Firma *G. Schulze*, Potsdam), wurde ausschließlich bei den Messungen des Reichsamtes für Wetterdienst verwendet. Sein Aufbau ist aus den Abb. 3 und 4 ersichtlich. Der Rezipient R ist bedeutend (etwa 16mal) größer als beim Aitkenschen Apparat; er hat ein Volumen von etwa 100 ccm und eine Höhe von 4 cm. Als Verbesserung gegenüber dem Aitkenschen Zähler ist der Rezipient selbst als Pumpe P ausgebildet, die durch Bewegen des Hebels M in Tätigkeit gesetzt wird. Die Abdichtung des Rezipienteninnern gegen das innere Rohr der Pumpe P erfolgt durch eine Stopfbuchse *St*, die durch Nachstellen der Schrauben *Ks* einreguliert wird. Der

Hebel M, der in Abb. 3 sich in Gebrauchsstellung befindet und die Bewegung des äußeren Pumpenrohres gegenüber dem inneren über ein Hebelsystem mit Gleitrollen Ro (Abb. 4) bewirkt, wird zum Transport seitlich an das Instrument, parallel zu seiner Achse angeschraubt (Abb. 4). Beim Herabdrücken des Hebels M bewegt sich das ganze äußere Pumpenrohr und damit auch der Rezipient R nach oben, während dessen unterer Abschluß, die Glasplatte Z_2 Z_3, fest mit dem inneren Rohr verbunden bleibt. Die dadurch bewirkte Vergrößerung dV des Pumpenvolumens beträgt angenähert 21 ccm, so daß die adiabatische Expansion etwa — je nach Instrument — 1 : 1,20 bis 1 : 1,25 beträgt; sie ist um ein wenig größer als beim AITKENschen Zähler (1 : 1,20). Der obere Abschluß des Rezipienten wird durch eine Glasplatte gebildet, die in einen Metallring gefaßt ist; der Ring ist mit den Zwingen k am Rezipienten befestigt, die Abdichtung erfolgt durch einen Gummiring. Im Innern des Rezipienten befindet sich der herausnehmbare Befeuchtungszylinder B, der mit Fließpapier bekleidet ist und außerdem den Rührflügel RF zum Durchmischen der Rezipientenluft trägt. In die untere Glasplatte sind die Zählflächen Z_2 und Z_3 eingeritzt, die beide 1 qcm groß sind; Z_2 ist in 100 Quadrate von der Größe 1 qmm, Z_3 in 4 Quadrate von 25 qmm eingeteilt. In der Entfernung von genau 1 cm vom oberen Deckglas ist noch eine dritte Zählfläche Z_1 angebracht, die ebenfalls nach qmm geteilt ist. Zur Beobachtung auf den Zählflächen Z_2 und Z_3 dient die Lupe L, für die Zählfläche Z_1 die Lupe l. Alle Zählflächen werden von unten durch den Spiegel Sp erhellt, dessen mittlerer Teil zur Erzielung der Dunkelfeldbeleuchtung abgedeckt ist. Die Verbindung mit der Außenluft stellt der Hahn H her. Die Zuführung der Luftproben geschieht mittels der kleinen Pumpe p, die vom übrigen Instrument getrennt und von ihm abschraubbar ist; sie kann mit dem Innern des Rezipienten durch den Hahn h verbunden werden. Der Schaft der Einfüllpumpe p trägt Marken, die eine Dosierung des Probenvolumens in den Abständen von 0,25 ccm gestatten; p faßt maximal 5 ccm Luft. Das Rezipienteninnere kann noch durch einen dritten Hahn mit der Außenluft verbunden werden, der h diametral gegenüberliegt und mit einem Vorsatzfilter D versehen ist.

Sei wieder n die Gesamtzahl der auf ein Quadrat der Zählflächen entfallenden Tröpfchen; ferner seien V_R das Rezipientenvolumen und dV die Vergrößerung dieses Volumens (in ccm) bei der Dilatation, V_p das Volumen (in ccm) der eingefüllten Luftprobe und h die Höhe des Rezipienten (in cm). Dann berechnet sich die Zahl N der Kondensationskerne im ccm nach folgenden Formeln:

Bei Zählung auf Zählfläche Z_1:

$$N = \frac{n}{V_p} \cdot \left[100 \cdot V_R \cdot \left(1 + \frac{dV}{V_R}\right)\right], \qquad (1)$$

bei Zählung auf Z_2:

$$N = \frac{n}{V_p} \cdot \left(100 \cdot \frac{V_R}{h}\right), \qquad (2)$$

bei Zählung auf Z_3:

$$N = \frac{n}{V_p} \cdot \left(4 \cdot \frac{V_R}{h}\right) \qquad (3)$$

und bei Zählung auf Z_3, wenn man alle Tröpfchen zählt, die auf den ganzen qcm ausfallen:

$$N = \frac{n}{V_p} \cdot \left(\frac{V_R}{h}\right). \qquad (4)$$

Die in Klammer gesetzten Ausdrücke sind bei allen Messungen gleich und nur durch die Apparatkonstanten bestimmt[1]. Wie man sieht, ist nur bei der Zählfläche Z_1 die Einbeziehung des sog. AITKENschen Korrektionsgliedes notwendig, in das das Dilatationsvolumen dV eingeht, während bei den anderen Zählflächen die Formeln beträchtlich einfacher sind. Diese Tatsache ist darin begründet, daß auf den Quadraten der Flächen Z_2 und Z_3 alle Tröpfchen ausfallen, die sich in den Luftsäulen über ihnen bilden, während die entsprechenden Luftsäulen über den Quadraten der Fläche Z_1 nach der Dilatation weniger Luft enthalten als vorher. Die einfache und exakte Berechnung der Kernzahlen bei den Flächen Z_2 und Z_3 ist ebenfalls ein Vorteil des SCHOLZschen Kernzählers gegenüber dem AITKENschen.

Wie man aus den Formeln erkennen kann, hat man die Möglichkeit, die Meßgrenzen des Apparates je nach Wahl der Zählfläche zu verändern. Bei großen Kernzahlen mißt man zweckmäßig auf Zählfläche Z_1, bei kleinen Kernzahlen auf Z_3, unter Umständen unter Benutzung der Formel 4. Eine weitere Möglichkeit, die Zahl der Tröpfchen je qmm auf das richtige Maß von 5—10 abzustimmen, besteht in der Änderung der Luftprobe V_p, was innerhalb der Grenzen 0,25 und 5 ccm möglich ist. Der auf diese Weise zu erzielende Meßbereich des Kernzählers liegt zwischen den Werten 5 und 950000; der erstere Wert wird erhalten, wenn bei $V_p = 5$ ccm auf Zählfläche Z_3 1 Tröpfchen auf den qcm entfällt, der letztere bei $V_p = 0{,}25$ ccm, wenn auf Z_1 je qmm 20 Tröpfchen insgesamt ausfallen. Dergestalt reicht der Apparat praktisch für alle vorkommenden Fälle aus.

Der Meßvorgang selbst und die dabei zu beachtenden Gesichtspunkte wurden auf Grund der an den Außenstellen gemachten Erfahrungen in einer im Reichsamt für Wetterdienst bearbeiteten Bedienungsanleitung für den kleinen SCHOLZschen Kernzähler zusammengestellt, die im folgenden wiedergegeben werden soll. Zum Verständnis sei vorauf bemerkt, daß der Hahn H (S. 10) in der Anleitung mit Hahn *2*, der Hahn h zwischen Rezipient und kleiner Pumpe p mit Hahn *3* und der diesem diametral gegenüberliegende Hahn mit Filtervorsatz mit Hahn *1* bezeichnet werden.

Bedienungsanleitung für den kleinen SCHOLZschen Kernzähler.

Meßverfahren. Am geeignetsten für die Zählung der fallenden Tröpfchen ist das untere Zählglas Z_2, weil bei ihm ebenso wie bei Z_3 das etwas lästige AITKENsche Korrektionsglied fortfällt, das bei der Messung mit dem oberen Zählglas Z_1 anzubringen ist. Eine genaue Zählung ist nur möglich, wenn man für gute Beleuchtung des Zählglases sorgt. An hellen Tagen mit nicht zu wechselnder Bewölkung kann man im Freien und meistens auch im Zimmer bei Tageslicht beobachten. Konstanter und heller ist künstliche Beleuchtung, die daher oft vorzuziehen ist. Der Spiegel *Sp* des Kernzählers ist sorgfältig so einzustellen, daß Dunkelfeldbeleuchtung herrscht, d. h. die Quadrate des Zählglases erscheinen dann als helle Linien und die fallenden Tröpfchen hell auf dunklem Hintergrund. Natürlich muß das Zählglas ganz sauber sein, Verunreinigungen sind mit einem leichten Lederlappen zu beseitigen. Die einzuführende Luftprobe muß so bemessen werden, daß in Summe etwa 5—10 Tröpfchen auf ein Quadratfeld fallen. Ist die Luft kernarm, so kann man statt auf einem Quadrat auf 4, unter Umständen auch auf 9 Quadraten zählen. Man kann auch wohl statt einer vollen Luftprobe mehrere in den Rezipienten führen.

Vor der eigentlichen Messung muß die Luft im Rezipienten gereinigt werden. Das geschieht durch häufiges Pumpen, wobei man den Kernzähler am Handgriff festhält und das

[1] Zur vereinfachten Bestimmung von N aus n und V_p gibt LANDSBERG ([6] S. 195) Nomogramme an.

Fallen der Tröpfchen beobachtet. Dabei müssen alle 3 Hähne geschlossen sein. Zwischen den Pumpenzügen wird der Rührflügel kurze Zeit durch Hin- und Herneigen des ganzen Zählers bewegt, um die Luft zu durchmischen und alle Kerne zu erfassen. Ist die Dichtung des Rezipienten in Ordnung, dann muß das Fallen der Tröpfchen seltener werden und schließlich ganz aufhören. Jetzt wird, um den Unterdruck zu beseitigen, der Hahn *1* (mit dem Filteransatz) kurze Zeit, etwa 10 Sekunden, geöffnet. Nach Betätigen des Rührflügels wird erneut einige Male gepumpt, wobei normalerweise keine Tröpfchen fallen dürfen. Zum Schluß wird Hahn *1* wieder kurze Zeit geöffnet, und der Kernzähler ist meßbereit.

I. Meßmethode (Füllmethode). Die Füllpumpe, die 5 ccm faßt, wird abgeschraubt und mit ihr von der Meßstelle ein bestimmtes Luftvolumen (z. B. 5 ccm bei ganz geöffneter, 2,5 ccm bei halbgeöffneter Pumpe) entnommen. Es empfiehlt sich nicht, den Kernzähler in größerer Entfernung von der Meßstelle aufzustellen, da bei einem längeren Transport der Füllpumpe sich der Kerngehalt durch Diffusion an der Öffnung, besonders aber durch Absetzen der Kerne im Innern der Pumpe in unkontrollierbarer Weise ändert. Am besten bringt man auch bei der Füllmethode den ganzen Kernzähler unmittelbar am Meßort zur Aufstellung. Die Füllpumpe wird wieder an den Kernzähler geschraubt, Hahn *3* geöffnet, ebenso Hahn *2* und dann der Inhalt der Füllpumpe in den Rezipienten gedrückt, wobei eine gleich große Menge reiner Rezipientenluft durch Hahn *2* austritt. Nachdem beide Hähne wieder geschlossen sind, wird der Rührflügel mindestens $^1/_2$ Minute lang bewegt. Nun beginnt nach Einstellen des Beleuchtungsspiegels und der Lupe das Dilatieren mit der Hauptpumpe (Niederdrücken des großen Hebels M) und gleichzeitig das Auszählen der fallenden Tröpfchen. Es wird so lange gepumpt, bis auf dem betrachteten Quadratfeld keine Tröpfchen mehr fallen. Die Gesamtzahl der Tröpfchen aller Pumpenzüge sei n. Dann ist, falls auf Z_2 gezählt wurde, die Anzahl Z der Kerne in 1 ccm der Meßstelle

$$Z = 100\, n \cdot \frac{V_R}{V_p} \cdot \frac{1}{h},$$

wobei V_R das Volumen des Rezipienten, V_p das mit der Füllpumpe zugeführte Volumen (also 5 oder 2,5 ccm) und h die Höhe des Rezipienten ist (meistens 4 cm). Als Faustregel, um rasch einen Überblick über das Meßergebnis zu bekommen, kann man sich merken,

$$Z = 1000\, n \text{ für } V_p = 2{,}5,$$
$$Z = 500\, n \text{ für } V_p = 5,$$

falls n auf einem Quadratfeld gemessen wird. Es ist nun unbedingt nötig, eine Reihe von Einzelmessungen nacheinander zu machen, mindestens 5, besser 10. Der Mittelwert dieser Einzelmessungen gibt dann den gesuchten Kerngehalt.

Die Apparatkonstanten des Kernzählers, besonders V_R, müssen bei jedem Apparat besonders bestimmt werden, da beträchtliche Unterschiede zwischen den einzelnen Apparaten bestehen. Die Volumbestimmung geschieht durch Wägung des Gerätes im leeren und mit Wasser gefüllten Zustand, wobei der Befeuchtungszylinder im Apparat verbleiben muß. Der Verschlußdeckel bleibt bei der Wägung verschraubt; das Wasser wird mit Hilfe eines Gummischlauches durch Hahn *3* (Einfüllpumpe abschrauben) eingefüllt, während die eingeschlossene Luft durch den nach oben gehaltenen Hahn *1* entweichen kann. Bei der Wägung im gefüllten Zustand dürfen keine Luftblasen mehr im Innern vorhanden sein. Nach Ausführung der Wägung ist das Innere des Rezipienten wieder sorgfältig zu trocknen.

II. Meßmethode (Saugmethode). Um das etwas lästige dauernde Ab- und Anschrauben der Füllpumpe zu vermeiden, kann man — ähnlich wie beim alten Aitkenschen Kernzähler — die zu untersuchende Luft auch mittels der Füllpumpe hineinsaugen. Bei hochgezogenem Kolben der Füllpumpe (Stellung *0*), wobei unter Umständen das Schraubengewinde der Füllpumpe etwas gelockert werden muß, öffnet man Hahn *3* und Hahn *2* und zieht jetzt den Kolben der Füllpumpe bis zur gewünschten Marke, also etwa 2,5 oder 5 zurück. Dadurch tritt das gleiche Volumen Außenluft durch den Hahn *2* in den Rezipienten. Jetzt wird zuerst Hahn *2*, dann auch Hahn *3* geschlossen und die in der Füllpumpe befindliche Luft durch Schieben des Kolbens auf Stellung *0* in die Außenluft gedrückt. Von hier an verläuft dann die Messung genau so wie bei der Meßmethode I. Die Methode II kann man nur anwenden, wenn der Kernzähler an der Stelle steht, wo der Kerngehalt bestimmt werden soll, oder es muß zur Luftentnahme der ganze Meßapparat zu dieser Stelle mitgenommen werden.

Wichtig sind gleichzeitige Messungen nach beiden Meßmethoden. Man kann damit z. B. die Wirksamkeit der Füllpumpe kontrollieren. Wenn die Füllpumpe undicht ist, so gelangt nach der Methode I zu wenig Luft in den Rezipienten, so daß dann kleinere Kernzahlen gefunden werden als nach Methode II.

Richtlinien für die Behandlung des Kernzählers.

Es ist selbstverständlich, daß der Apparat sorglich zu behandeln ist. Vor allem ist er vor großen Temperaturschwankungen zu schützen, darf also, wenn nicht mit ihm gemessen wird, nicht im Freien, vor allem nicht in der Sonne stehen. Am besten wird er im ungeheizten Zimmer im Schutzkasten aufbewahrt.

Undichtwerden des Rezipienten. Das ist wohl der am häufigsten auftretende Fehler, obwohl beim Bau des Kernzählers auf die Dichtung besonders Sorgfalt verwendet wurde. Undichtwerden äußert sich dadurch, daß beim Pumpen dauernd Tröpfchen fallen. Als Stellen, die undicht werden können, kommen in Betracht die drei Hähne: *1* (mit dem Filteransatz), *2*, sowie *3* (an der Füllpumpe), dann die Füllpumpe selber, die Stopfbuchse *St*, die das feste, innere Rezipientenrohr gegen das äußere, bewegliche abdichtet, und schließlich der große Gummiring zwischen Rezipienten und oberem Deckglas. Bei den Hähnen schafft meistens Reinigen und vorsichtiges Neueinfetten Abhilfe. Im Notfall muß man sie mit Bimssteinmehl und darauffolgend Schlemmkreide einschleifen. Auch die Füllpumpe muß von Zeit zu Zeit neu eingefettet werden. Die Stopfbuchsenschrauben dürfen, wenn hier eine Undichtigkeit vermutet wird, nicht zu fest angezogen werden, weil dadurch Schäden eintreten können. Man merkt ein Zuviel schon am Unbeweglichwerden der Hauptpumpe. Besser ist das Einfetten der einzelnen Lederringe oder das Quellen der Ringe in reinem Öl. Der große Gummiring am oberen Deckglas muß unter Umständen erneuert werden. Bisweilen ist gerade nach dem Reinigen des Rezipienten und seiner Zubehörteile der Tropfenfall schlecht sichtbar, vor allem, wenn man genau senkrecht auf das Zählglas sieht, während bei schräger Sicht die Erkennbarkeit besser ist.

Die *Wirkung des Filters* bei Hahn *1* muß hin und wieder nachgeprüft werden. Wenn es auch selten vorkommen wird, daß dieses Filter undicht wird, so scheint es doch, z. B. in salzhaltiger Luft, bisweilen möglich, daß Kerne ihn passieren können. Anscheinend handelt es sich um auskristallisierte Salzteilchen, die von der eintretenden Luft mitgerissen werden. Der Vorgang wird dadurch begünstigt, daß beim Pumpen stets ein Unterdruck im Rezipienten eintritt.

Beschlagen der Deck- und Zählgläser. Wenn das am oberen Innenzylinder des Rezipienten angebrachte Filtrierpapier trocken ist, dann können überhaupt keine Tröpfchen fallen. Das Befeuchten des Papieres muß aber vorsichtig erfolgen, weil sonst dauerndes oder zeitweiliges Beschlagen der Glasteile im Rezipienten eintritt. Ein Neubefeuchten soll daher nur selten erfolgen, am zweckmäßigsten alle 4 Wochen nach Reinigung der Deck- und Zählgläser. Ein Beschlagen kann aber auch sonst beim Kernzähler auftreten, es kann bisweilen sogar recht hartnäckig werden. Daß der Apparat großen Temperaturschwankungen nicht ausgesetzt werden darf, wurde oben schon betont. Leichtes Beschlagen kann man durch Erwärmen des Deckglases mit dem Handballen oder dem Finger beseitigen. Starkes Reiben der Zählgläser ist aber dabei zu vermeiden, weil durch zu starke Erwärmung die Tröpfchen rasch verdunsten und sich dadurch der Zählung entziehen. Auch Erwärmen durch eine kleine Glühbirne kann Abhilfe schaffen. Ein weiteres Mittel ist Erwärmen durch einen elektrischen Fön, der aber mit Vorsicht benutzt werden muß. Im allgemeinen genügt ein Beblasen der Deckgläser von einigen Sekunden Dauer. Eine gute Abhilfe gegen Beschlagen bietet das Bestreichen der inneren Glasfläche, z. B. des oberen Deckglases, mit einer dünnen Glycerinschicht mittels eines Wattebausches. Dieser Anstrich ist anfangs etwas uneben und wird meistens erst durch Feuchtigkeitsaufnahme homogen. Bei stärkerem Beschlagen schafft längeres Pumpen bei geöffneten Hähnen bisweilen Abhilfe. Führt auch das nicht zum Ziel, dann muß man den Rezipienten öffnen und einige Zeit austrocknen lassen.

Betätigen des Rührflügels. Das Betätigen des Rührflügels geschieht durch Neigen (*nicht* Schütteln!) des ganzen Meßapparates. Dabei ist darauf zu achten, daß der Flügel nicht an das Fließpapier prallt, weil dadurch unter Umständen Kerne erzeugt oder frei werden können. Wenn kein Anschlag vorhanden ist, der das verhindert, dann muß man einen solchen Anschlag anbringen, etwa durch Umwickeln des Rührflügels nahe der Drehachse mit einer

Gummikordel. Beim Eindrücken oder Einsaugen der Luftproben muß der Rührflügel, der natürlich auch von Zeit zu Zeit gereinigt werden muß, so gestellt werden, daß die einströmende Luft ihn nicht trifft. Er darf also z. B. beim Eindrücken nicht quer zur Füllpumpe stehen.

Um die Kernzahlbestimmungen möglichst zu erleichtern und zu vereinheitlichen, wurden durch das Reichsamt für Wetterdienst neben der Bedienungsanleitung auch Vordrucke ausgearbeitet und herausgegeben, die als Meßprotokolle und Meldebogen dienen sollen. Der in Abb. 5 wiedergegebene Vordruck „R. f. W. M. 37" ist bestimmt für die Aufnahme der täglichen Terminmessungen um 11 Uhr Ortszeit (s. S. 4), der „Standardmessung" für klimatologische Bedürfnisse. Auf je einem Bogen sollen die Messungen eines ganzen Monats zusammengestellt werden, die dann — wie die anderen klimatologischen Monatstabellen — an das Reichsamt für Wetterdienst eingesandt werden. Neben den Angaben der Bestimmungstücke der Messung sind Spalten vorgesehen für die Mitteilung der meteorologischen Elemente im Zeitpunkt der Messung.

Daneben wurde der Vordruck „R. f. W. A. 37" (Abb. 6) geschaffen, der einmal auch als Monatstabelle für weitere tägliche Terminmessungen (s. S. 4) geeignet ist, hauptsächlich aber als Meßprotokoll für Sonderuntersuchungen (Gelände- und Höhenprofile, Tagesgänge, Verlauf bei besonderen Witterungsvorgängen usw.) gedacht ist. Er enthält daher gegenüber dem oben genannten Vordruck zusätzlich Spalten für das Datum des Meßtages, den Zeitpunkt der Messung und den Meßort.

Zu dieser Bedienungsanleitung ist nachzutragen, daß besonders auf die Bestimmung der Apparatkonstanten durch Wägung Wert zu legen ist, da zwischen den einzelnen Apparaten ziemliche Unterschiede auftreten, die auf die Meßergebnisse merklichen Einfluß ausüben. So wurden für das Rezipientenvolumen V_R bei den an den Außenstellen des Reichsamts für Wetterdienst eingesetzten Instrumenten Werte gemessen, die zwischen den Grenzen 97 und 102 ccm liegen. Würde man bei Arbeiten, die mit dem Instrument von 102 ccm Inhalt ausgeführt wurden, die auch im „Handbuch der meteorologischen Instrumente" von Kleinschmidt angegebene Zahl 97 für V_R verwenden, so würden alle Messungen ein um 5% zu kleines Ergebnis bringen. — Ferner sei auf den wichtigen Wechsel der Einfüllmethoden I und II hingewiesen, der unabhängig voneinander von Bossolasco [2] und Burckhardt angegeben wurde und ein wichtiges Hilfsmittel für die Kontrolle der Pumpe p darstellt. — Als Ergänzung wäre in die Bedienungsanleitung noch eine Vorschrift aufzunehmen, die das Mitzählen von Tröpfchen einheitlich regelt, die gerade auf die Begrenzungslinien der Meßquadrate ausfallen. Es empfiehlt sich, diese Tröpfchen — gleichgültig, auf welcher der 4 Quadratbegrenzungen sie ausfallen mögen — als halbe Einheiten mitzurechnen (Landsberg [6]).

Der Vollständigkeit wegen sei erwähnt, daß Scholz zunächst ein größeres Exemplar seines Kernzählers baute [1], das sich gegenüber dem jüngeren, oben beschriebenen kleinen Modell einmal durch seine größeren Ausmaße ($V_R = 187$ ccm, $h = 5$ cm) und durch eine Vorrichtung unterscheidet, die die Benutzung von drei verschiedenen Dilatationsstufen (1 : 1,07, 1 : 1,16, 1 : 1,27) gestattet. Zum anderen enthält das große Modell jedoch auch noch einen Zylinderkondensator, der es ermöglicht, auch die Zahl der ungeladenen Kerne zu bestimmen, indem man die geladenen Kerne durch Aufladen des Kondensators zum Absetzen an

Deutscher Reichswetterdienst.

Dienststelle: .... **Messungen der Kernzahl pro ccm.**

Meßpunkt: .... Terminmessungen 11^{00} Ortszeit. Monat: ....

Tag	Tröpfchenzahl pro qmm Einzelmessungen										Zählfläche	Luftprobe v (ccm)	Mittl. Kern-zahl pro ccm	Wind		Sichtweite	Trockenes Thermometer	Feuchtes Thermometer	Dampf-druck	Relative Feuchtig-keit	Luftkörper	Luftmasse	Bemerkung (Wetter z. Zt. der Messung usw.)
														Rchtg.	St.								
1																							
2																							
3																							
4																							
5																							
6																							
7																							
8																							
9																							
10																							
11																							
12																							
13																							
14																							
15																							
16																							
17																							
18																							
19																							
20																							
21																							
22																							
23																							
24																							
25																							
26																							
27																							
28																							
29																							
30																							
31																							

Apparatkonstanten: V = ...

Kernzähler Nr. .... dV = ... Beobachter: ....

R.f.W. M. 37. (1938. 600). h = ...

Abb. 5. Monatstabelle für die täglichen Terminmessungen 11 Uhr OZ (Maßstab 2:1).

Dienststelle: ....

Deutscher Reichswetterdienst

Messungen der Kernzahl pro ccm.

Lfd. Nr.	Tag	Monat	Jahr	Zeit M.E.Z.	Meßpunkt	Tröpfchenzahl pro qmm Einzelmessungen	Zählfläche	Luftprobe v (ccm)	Mittlere Kernzahl pro ccm	Wind Richtg.	Wind St.	Sichtweite	Trocken. Thermometer	Feuchtes Thermometer	Dampfdruck	Relative Feuchtigkeit	Luftkörper	Luftmasse	Bemerkungen (Wetter z. Zt. der Messung usw.)	Lfd. Nr.
1																				1
2																				2
3																				3
4																				4
5																				5
6																				6
7																				7
8																				8
9																				9
10																				10
11																				11
12																				12
13																				13
14																				14
15																				15
16																				16
17																				17
18																				18
19																				19
20																				20
21																				21
22																				22
23																				23
24																				24
25																				25
26																				26
27																				27
28																				28
29																				29
30																				30
31																				31

Kernzähler Nr. .... Apparatkonstanten: V = ... dV = ... h = ... Beobachter: ....

R. f. W. A. 37. (1938. 2000.)

Abb. 6. Vordruck für verschiedenartige Meßreihen (Maßstab 2,5:1).

diesem zwingt. So ist es möglich, durch Messung der Gesamtkernzahl und der Zahl der ungeladenen Kerne das für luftelektrische Untersuchungen wichtige Verhältnis der geladenen Kerne zur Gesamtkernzahl zu bestimmen. — Das große Modell des SCHOLZschen Kernzählers ist nur in ganz wenigen Exemplaren vorhanden, so daß es sich hier erübrigt, näher auf seine Einzelheiten einzugehen[1].

Von Wichtigkeit ist jedoch noch die Frage, wie sich *Messungen* mit dem SCHOLZschen *Zähler vergleichen* lassen mit Messungen, die mit dem *Apparat von* AITKEN gewonnen wurden. Wie schon betont wurde, sind die Ergebnisse des SCHOLZschen Kernzählers vermöge seiner größeren Dimensionen genauer wie die des AITKENschen Zählers, besonders bei sehr kleinen und sehr großen Kernzahlen. Dies zeigt sich auch in der Tatsache, daß die Streuung innerhalb der Einzelmessungen einer Meßreihe bei den SCHOLZschen Modellen kleiner ist als bei den AITKENschen, besonders bei kleinen Luftproben V_p. SCHOLZ [2] selbst führte Vergleichsmessungen durch zwischen 2 AITKENschen Taschenzählern mit berichtigten Verdünnungsmarken und dem großen und kleinen Modell seiner eigenen Konstruktion. Dabei ergab sich, daß die Ergebnisse innerhalb der Fehlergrenzen gut übereinstimmen. Lediglich bei Verwendung der Luftproben $V_R/20$ und $V_R/100$ beim AITKENschen Instrument werden die Angaben des letzteren fehlerhaft, und zwar fallen sie zu klein aus. In einer anderen Arbeit hat SCHOLZ [3] gezeigt, daß die mit dem AITKENschen Apparat bei Verwendung der Verdünnungsmarke 1/50 gewonnenen Werte mit dem Faktor 1,25 zu multiplizieren sind. Als Grund für diese Abweichungen gibt SCHOLZ an, daß einmal bei diesen geringen Quanten bereits eine kleine Ungenauigkeit in der Einstellung des Pumpenkolbens größere Fehler bis zu 10% im Resultat hervorruft und daß andererseits ein Teil der eingesaugten Kerne in den Zuleitungsröhren verbleibt und daß dieser Teil bei kleinen Luftproben gegenüber der Gesamtzahl der zugeführten Kerne bereits merklich ins Gewicht fällt. Offenbar müssen aber auch beim SCHOLZschen Zähler bei Verwendung kleiner Volumina V_p (0,25 ccm) die gleichen Fehler auftreten, die dann ersichtlich werden würden, wenn man ihn mit einem Zähler noch besserer Wirkungsweise vergleichen könnte. GLAWION fand bei Vergleichsuntersuchungen, daß der Kernzähler nach AITKEN-LÜDELING größere Werte angibt als das Gerät von SCHOLZ.

Sind also *die Angaben der verschiedenen Kernzählermodelle im allgemeinen miteinander vergleichbar*, so muß man doch beim *Vergleich von Absolutwerten* aus älteren Arbeiten mit denen neueren Datums recht *vorsichtig* sein. Die verschiedene Einstellung der Autoren zur Frage der „*Nachzügler*" bringt es mit sich, daß das im Schrifttum vorliegende Zahlenmaterial leider durchaus nicht homogen ist. Unter „Nachzügler" versteht man jene Tröpfchen, die erst beim zweiten, dritten und weiteren Pumpenzug ausfallen. NOLAN und O'BROLCHAIN und säter NOLAN und NOLAN [2] vertraten die Ansicht, daß nur die Tropfen des ersten Pumpenzuges gezählt werden sollen. Die ersteren Autoren glauben, daß die in der Pumpe des AITKENschen Zählers gebildeten Tröpfchen infolge der höheren Temperatur der durch Reibung erwärmten Pumpe vor Ausfällung verdampfen und teilweise in den Rezipienten zurückkehren, wo sie erst bei einem der folgenden Züge ausfallen; ferner können auch aus dem toten Raum über dem Pumpenkolben

[1] Nähere Angaben in KLEINSCHMIDT: Handbuch der meteorologischen Instrumente, Berlin 1935, S. 256—261.

wieder Kerne in den Rezipienten zurückgelangen. Die Zahl der Nachzügler müßte dann in geometrischer Progression abnehmen. Daß diese Argumentation nicht richtig sein kann, sieht man schon aus der Tatsache, daß auch bei den SCHOLZschen Zählern „Nachzügler" auftreten, obwohl bei ihnen die kleine Luftpumpe nicht an der Dilatation beteiligt ist und sich Tröpfchen nur im Innern des Rezipienten bilden können. In der zweitgenannten Arbeit wird das Hauptgewicht auf die Möglichkeit gelegt, daß Tropfen schon vor ihrem Ausfallen auf die Zählfläche verdampfen; das kann man jedoch viel eher als ein Argument *für* das Mitzählen der Nachzügler verwerten, da durch die Nachzügler diejenigen Kerne erfaßt werden, die vorher der Zählung entgingen. Nach den genannten Autoren könne höchstens noch der zweite „Schauer" von Wichtigkeit sein, dessen Ergiebigkeit zwischen 10 und 25% des ersten Schauers schwankt und im Mittel 15% beträgt. In den Arbeiten der irischen Autoren wird die Kernzahl stets nur aus der Zahl der Tröpfchen bestimmt, die beim ersten Pumpenzug ausfallen.

Demgegenüber vertreten TICHANOWSKY, WIGAND [4] und HESS [1, 2] den Standpunkt, daß die Nachzügler mitgezählt werden müssen und die Messung so lange fortgesetzt werden muß, bis keine Tropfen mehr fallen. HESS [2] glaubt dabei, für das Auftreten der Nachzügler auch die Reibungselektrizität verantwortlich machen zu sollen, die bei der Reinigung der beschlagenen Deckgläser zwischen den Einzelmessungen entsteht und die beim ersten Zug ausfallenden Tröpfchen abstößt. Eine experimentelle Klärung der von den irischen Forschern gebrachten Einwände gegen das Mitzählen der Nachzügler wurde, angeregt durch WIGAND, von NEUBERGER [1] durchgeführt, ferner auch von WAIT. Die beiden Autoren kamen zu dem gleichen Ergebnis, daß aus der Luftpumpe keine Kerne zu den Nachzüglern gelangen können. Die wahre Ursache für das Auftreten der Nachzügler ist vielmehr in einer fraktionierten Kondensation zu suchen, die zuerst die für die Kondensation geeignetsten Kerne erfaßt und erst bei neuen Übersättigungen auch an weiteren Kernen Tröpfchen bildet. Diese Tatsache ist auch durch die Untersuchungen KÖHLERS [2] belegt.

Es muß in diesem Zusammenhang auch darauf hingewiesen werden, daß — wie schon AITKEN feststellte — bei größerer Übersättigung der Rezipientenluft mehr Kerne ausfallen, und daß man — nach den Untersuchungen von JUNGE [1, 2] — durch Zuordnung der Kernzahlen zu dem Grad der Übersättigung, die zur Ausfällung gerade dieser Kerngruppen notwendig ist, ein „Kondensationsspektrum" aufstellen kann. Nun ist aber die beim ersten Pumpenzug erzielte Übersättigung kleiner als die bei den folgenden, da der Expansionsvorgang beim ersten Zug infolge der ausgedehnteren Kondensation und der dabei frei werdenden latenten Wärme mehr „feuchtadiabatisch" verläuft und sich erst die folgenden Dilatationen der „trockenadiabatischen" Zustandsänderung nähern. Eine rechnerische Nachprüfung ergibt, daß bei einer Ausgangstemperatur von 10° C und einem Ausgangsdruck von 1000 mbar unter Zugrundelegung einer Ausdehnung im Verhältnis 1 : 1,20 und unter der Annahme, daß der Vorgang streng adiabatisch verläuft, nach der Dilatation bei trockenadiabatischem Vorgang eine Temperatur von —9,9° C und eine relative Feuchtigkeit von 327% erreicht werden. Nimmt man jedoch an, daß der Vorgang mehr feuchtadiabatisch verläuft, so ist die erreichte Endtemperatur höher (sie liegt zwischen den Grenzen von etwa —2° und —9,9°) und dementsprechend die Übersättigung kleiner als 327% (bei einem rein feuchtadiabatischen Prozeß müßte die Endfeuchtigkeit gleich dem Anfangswert, also 100% sein). Beim ersten Pumpenschlag wird daher nur der Teil des Kernspektrums bis zur erreichten Übersättigung erfaßt, der dem Intervall zwischen 100% und dem vorläufigen Endwert der rel. Feuchte angehört, während die nächsten Pumpenzüge unter anderem auch diejenigen — wahrscheinlich wenig zahlreichen — Kerne sichtbar machen, die zur Ausfällung relative Feuchtigkeiten zwischen dieser und dem (theoretischen) Endwert 327% benötigen. — Daneben ist auch denkbar, daß ein Teil der Nachzügler von jenen Kernen gebildet wird, die beim ersten Zug infolge Verdampfens des Tröpfchens in der warmen Grenzschicht über der Grundplatte dem Ausfallen entgingen.

Auf Grund aller dieser Tatsachen wird heute allen Kernzahlbestimmungen die Gesamtzahl aller ausgefallenen Tröpfchen einschließlich der Nachzügler zugrunde gelegt. Dabei ist es jedoch, um Anhaltspunkte über die Zusammensetzung des Kernspektrums zu haben, nützlich, auch die Tröpfchenzahlen der einzelnen Pumpenzüge anzugeben, wie KÖHLER [2] und ISRAËL [4] empfehlen.

Die Fehler und Schwierigkeiten, die beim Arbeiten mit dem kleinen SCHOLZschen Kernzähler auftreten können, sind schon zum Teil in der Bedienungsanleitung besprochen (S. 11—14), so z. B. das Undichtwerden des Rezipienten, das Beschlagen der Deck- und Zählgläser und die störenden Einflüsse des Rührflügels. Zu diesen Punkten sei nachgetragen, daß man zur Vermeidung des Beschlagens außer Glycerin auch mit Erfolg das von der I. G. Farbenindustrie hergestellte Mittel „S 146“ verwenden kann, wie es von SCHULZ [2] empfohlen wird. Im übrigen reichen die angegebenen Hilfsmittel (Schutz gegen großen Temperaturwechsel, Erwärmen der Gläser mit der Hand) aus, um auch unter erschwerten Umständen, z. B. bei Flugzeugaufstiegen (SCHOLZ [2]) oder auf Bergstationen (BURCKHARDT) ohne große Behinderung messen zu können. — Was den Rührflügel betrifft, so wurde von SCRASE (nach LANDSBERG [6]) die Meinung vertreten, daß dieser Teil des Instrumentes entbehrlich sei; er beeinflusse nicht die Richtigkeit der Meßergebnisse, beschwöre aber andererseits die Gefahr einer Kernproduktion beim Anschlagen am Befeuchtungszylinder herauf. Die Abhängigkeit des Meßergebnisses von der Mischdauer wurde schon von SCHOLZ [2] untersucht. Er fand, daß sich bei längerer Mischdauer weniger Kerne ergeben, da sie sich zum Teil in der Zeit zwischen Einfüllen der Luftprobe und Ausführung der Dilatation absetzen. Vergleichsmessungen mit 1 und 2 Minuten Mischdauer ergaben, daß im zweiten Fall durchschnittlich nur rund 7% weniger Kerne gezählt werden als im ersten. Wenn man nur $^1/_2$—1 Minute den Rührflügel in Bewegung setzt, wie es allgemein üblich ist, so können daher keine erheblichen Fehler auftreten. Andererseits muß mit der Dilatation nach dem Einfüllen mindestens $^1/_2$ Minute gewartet werden, da die relative Feuchtigkeit der Rezipientenluft durch die Vermischung mit der meist trockeneren Luftprobe zunächst unter 100% sinkt, bis die Feuchtigkeit wieder von dem Fließpapier nachgeliefert ist.

Die Ausführungen, die weiter oben (S. 8) über die Fehlermöglichkeiten durch die zufällige Verteilung der Tröpfchen auf der Zählfläche beim AITKENschen Apparate gemacht wurden, lassen sich natürlich auch auf den SCHOLZschen Zähler übertragen. Lediglich der mittlere Fehler einer Meßreihe von 10 Einzelmessungen dürfte kleiner ausfallen, da die Streuung zwischen den Einzelwerten beim SCHOLZschen Apparat kleiner ist als beim AITKENschen. Auch beim SCHOLZschen Apparat ist es die Regel, die Kernzahl als Mittel aus 10 Einzelmessungen zu gewinnen; unter bestimmten Bedingungen (Messungen im Flugzeug und ähnl.) kann und muß man sich auf 5 Einzelmessungen beschränken. Diese Anzahl genügt auch, wenn die Einzelmessungen bis zu 10% miteinander übereinstimmen (LANDSBERG [6]).

Eine Fälschung des Resultates einer Kernzählung wird auch bewirkt durch die Koagulation der Tröpfchen im Rezipienten, bevor sich die Tröpfchen auf den Zählflächen niedergeschlagen haben. „Da die Tröpfchen im Kernzähler so groß werden, daß sie in der Lupe schon zu sehen sind und eine recht bedeutende Fallgeschwindgkeit haben, so müssen nach allen Tatsachen, die man jetzt kennt, schon diese Tropfen aus kleineren durch Koagulation entstanden sein. Die turbulente Bewegung der Luft im AITKENschen Kernzähler[1] ist nicht unbedeutend, und nach kolloidchemischen Analogien erhöht die Turbulenz die Koagulationsgeschwindigkeit. Die Ergebnisse, die man mit dem AITKENschen Kernzähler[1] erhält, dürfen daher nicht ohne weiteres als ein Maß der Anzahl der Kondensationskerne betrachtet werden“ (KÖHLER [2]). Hierzu ist zunächst zu bemerken, daß der Fehler im großen und ganzen wohl überall ziemlich gleich auftritt und daher die relative Vergleichbarkeit der Messungen nicht leidet; dann ist aber auch die gute Übereinstimmung in den Ergebnissen der verschiedenen Modelle von Expansionskernzählern ein Maß für die Annäherung an die wirkliche Kernzahl (BOSSOLASCO [2]). Vor allem darf hierbei jedoch nicht übersehen werden, daß KÖHLER von Voraussetzungen ausgeht, die — wie im nächsten Abschnitt gezeigt werden wird — heute nicht mehr als richtig angesehen werden können. Er nimmt an, daß die Kondensationskerne Tröpfchen hygroskopischer Salzlösungen sind, die sich bei Eintritt der Kondensation zu Nebeltröpfchen vergrößern. Nach dem heutigen Stande kann als erwiesen gelten, daß nur der kleinere Teil der im Kernzähler wirksamen Kondensationskerne diese Beschaffenheit zeigt und daß die Mehrzahl aus fester Substanz besteht. An diesen letzteren bilden sich Tröpfchen erst mit Eintritt der Übersättigung. Diesen Tröpfchen steht zur Koagulation nur die sehr kurze Zeit zwischen Bildung und Niederschlag zur Verfügung, d. h. für sie und damit für den größeren Teil der Tröpfchen spielt die Koagulation nur eine untergeordnete Rolle.

Aus den nämlichen Gründen scheint es auch für den größeren Teil der ausfallenden Tröpfchen ausgeschlossen, daß ihre Größe Rückschlüsse auf die Art der von ihnen eingeschlossenen Kerne geben könnte. Die Tatsache, daß beim ersten Pumpenzug kleinere Tröpfchen ausfallen als bei den folgenden, an Tröpfchen ärmeren, wie auch die Beobachtung, daß ganz allgemein bei kleinerer Tröpfchenzahl der Radius der Tropfen größer ist, legen die Vermutung nahe, daß sich die nach der Dilatation überschüssige Wasserdampfmenge ziemlich gleichmäßig auf die vorhandenen Kondensationszentren verteilt. Sind nur wenige Kerne vorhanden, so bilden sich an diesen größere Tropfen, weil anteilmäßig eine größere Wassermenge zur Verfügung steht.

Ein weiterer wichtiger Punkt in der Theorie des Kernzählers ist die Frage, inwieweit die Vorgänge bei der Dilatation als adiabatisch angesehen werden können, d. h. wie streng die Forderung erfüllt ist, daß von außen keine Wärme an die Rezipientenluft abgegeben wird. Ohne Zweifel bewirken die beträchtliche

[1] Genau so im SCHOLZschen!

Wärmeleitfähigkeit des Metalls und die große Temperaturdifferenz zwischen dilatierter Rezipientenluft und Außenluft — bei einem Expansionsverhältnis von 1 : 1,2 etwa 21°! — einen Wärmestrom zum Innern des Rezipienten. Dadurch werden einmal die theoretischen Endtemperaturen und damit die theoretischen Übersättigungen nicht erreicht. Zum anderen aber bewirken die irreversiblen Wärmeleitvorgänge, daß nach Aufhören der Dilatation die Ausgangswerte von Druck und Temperatur nicht mehr erreicht werden: Nach der Messung herrscht im Innern des Rezipienten stets ein Unterdruck gegenüber der umgebenden Luft. Diese Erscheinung spielt beim AITKENschen Zähler wegen der relativen Kleinheit des Rezipientenvolumens keine wesentliche Rolle; sie wird aber zur beträchtlichen Fehlerquelle beim SCHOLZschen Instrument mit seinem 16- bzw. 33fachen Volumen. Würde hier nicht für Abhilfe gesorgt werden, so würde beim Einfüllen der nächsten Luftprobe mehr Luft — und damit mehr Kerne — in den Rezipienten gelangen, als an der Einfüllpumpe eingestellt wurde. SCHOLZ versah daher sein kleines Zählermodell mit einem Druckausgleichhahn mit vorgeschaltetem Filter (*D* in Abb. 3; Hahn *1* in der Bedienungsanleitung S. 12), nachdem das zuerst gebaute große Modell diese Einrichtung noch nicht besaß. Parallelmessungen mit und ohne Filter durch SCHOLZ [2] ergaben, daß ohne Filter die Kernzahlen um 23% höher lagen. Bei einer Luftprobe $V_p = 1{,}67$ ccm errechnet sich hieraus eine zusätzlich durch Druckausgleich in den Rezipienten gelangende Luftmenge von 0,38 ccm, also fast nochmals $^1/_4$ der Luftprobe. — Die von GLAWION gemachte Beobachtung, daß nach mehrfachem Pumpen ein Überdruck im Rezipienten entsteht, steht im Widerspruch zu allen anderen Autoren, die dieser Frage Beachtung schenkten.

Zur Beurteilung der Wirksamkeit eines Kernzählers ist es nützlich, sich über die erzielten Übersättigungen und ihre Abhängigkeit von den Versuchsbedingungen, besonders von der Temperatur der Außenluft ein Bild zu machen. In der Tabelle 1 sind daher für eine Expansion von 1 : 1,20 und die Anfangstemperaturen −20°, −10°, 0°, +10° und +20° die Endwerte von Temperatur und relativer Feuchtigkeit bei trockenadiabatischer Ausdehnung im Verhältnis 1 : 1,20 zusammengestellt. Man sieht, daß die Temperaturerniedrigung um so größer ist, je höher die Ausgangstemperatur liegt; bei einer Anfangstemperatur von −20° erniedrigt sich die Temperatur um rund 18°, bei einem Ausgangswert von +20° jedoch schon um fast 21°. Die erreichte Übersättigung ist hingegen um so größer, je tiefer schon die Temperatur zu Beginn des Ausdehnungsprozesses lag.

Tabelle 1. Endwerte von Temperatur und relativer Feuchtigkeit bei trockenadiabatischer Expansion im Verhältnis 1 : 1,20 in Abhängigkeit von der Anfangstemperatur.

Anfangswerte		Endwerte	
Temp. °C.	relative Feuchtigk. %	Temp. °C.	relative Feuchtigk. %
−20	100	−37,8	413
−10	100	−28,5	372
0	100	−19,2	345
+10	100	− 9,9	327
+20	100	− 0,6	310

Auf Grund dieser Zahlenwerte kann die Befürchtung berechtigt erscheinen, daß z. B. Messungen zu verschiedenen Jahreszeiten, also mit wesentlich verschiedenen Ausgangstemperaturen, nicht miteinander vergleichbar sind. Streng genommen sind sie es in der Tat nicht, da der Kernzähler andere Übersättigungen liefert, also auch einen anderen Wirkungsgrad hat. Man erfaßt theoretisch im Winter mehr Kerne als im Sommer. Praktisch wirkt sich diese Kalamität jedoch kaum aus, da die allermeisten Kerne bereits bei Übersättigungen von 100 bis zu 200% relativer Feuchtigkeit als Kondensationszentren dienen und ausfallen. Diese Tatsache wurde besonders auch durch die bereits auf S. 18 erwähnten Arbeiten von JUNGE bewiesen, der bei seinen Übersättigungsmessungen feststellte, daß fast alle Kerne bereits in dem Übersättigungsintervall zwischen 100 und 130% relativer Feuchtigkeit in Form von Nebeltröpfchen ausfallen. Die Zunahme der größten erreichten Übersättigung beim letzten Pumpenzug, der dem trockenadiabatischen Prozeß wohl am nächsten kommt, vom Sommer zum Winter, von etwa 310—410% relativer Feuchtigkeit, dürfte also keine wesentliche Zunahme des erfaßten Kernspektrums mit sich bringen; auf keinen Fall ist dieser Punkt dann von Belang, wenn es sich nur um Kerne handelt, die bei der Wolkenbildung eine Rolle spielen.

Auf Grund dieser Überlegungen läßt sich auch die Frage beantworten, ob nicht durch die verschiedene Geschwindigkeit der Dilatation bei verschiedenen Beobachtern eine Inhomogenität in den Beobachtungsergebnissen zustande kommt. Es ist an sich einleuchtend, daß bei langsamerer Dilatation der Vorgang weniger streng adiabatisch verläuft und daher keine so großen Übersättigungen hervorgerufen werden; auf diesen Punkt haben schon v. FICKER und DEFANT aufmerksam gemacht. Die Unterschiede in der Übersättigung dürften aber im Verhältnis zur noch erzielten so geringfügig sein, daß nach dem mutmaßlichen Verlauf des Kondensationsspektrums zu schließen, wahrscheinlich keine merklichen Fehlbeträge in der Gesamtkernzahl verursacht werden können. Um vergleichbare Verhältnisse zu erhalten, empfiehlt es sich jedoch, das Herabdrücken des Hebels M (Abb. 3, 4) möglichst schnell auszuführen.

WILSON (nach LANDSBERG [6], WIGAND [1]) konnte beobachten, daß bei einer Übersättigung von 420% die negativen Kleinionen als Kondensationskerne wirksam werden. Nach Tabelle 1 können diese Übersättigungen bei tieferen Ausgangstemperaturen und auch bei etwas größerem Expansionsverhältnis theoretisch sehr wohl erreicht werden. Würde dann die Ausgangstemperatur einmal über und einmal unter dem „kritischen Wert" liegen, der gerade zu einer Übersättigung von 420% führt, so hätte man im einen Fall die Kondensationskernzahl im üblichen Sinne, im anderen Fall jedoch dieselbe vermehrt um die Zahl der negativen Kleinionen. Diese beiden Messungen wären also auch nicht vergleichbar. Würden aber tatsächlich die Kleinionen als Kondensationskerne im Kernzähler erfaßt werden, so müßten auch nach Reinigen der Rezipientenluft nach einiger Zeit immer wieder Kerne auftreten, da sich auch im geschlossenen Rezipienten unter Einwirkung von Strahlung dauernd neue Kleinionen bilden. Eine derartige Erscheinung hat sich auch bei Messungen bei tiefen Ausgangstemperaturen nicht gezeigt; es kann daraus geschlossen werden, daß die Kleinionen im (SCHOLZschen) Kernzähler nicht mit erfaßt werden.

Zusammenfassung. Nach allen diesen Darlegungen ist der *Kernzähler* ein Instrument, dessen zweckmäßige und richtige Behandlung ein *größeres Maß von physikalischem Verständnis* voraussetzt. Wenn er auch in seiner Wirkungsweise theoretisch noch nicht voll erklärt und erforscht ist, so liefert er doch praktisch *Resultate*, die sehr wohl *miteinander vergleichbar* sind und zu wichtigen Schlüssen die Grundlage liefern.

2. Wirkungsweise und Ursprung der Kondensationskerne.

Wie bereits in der Einleitung (S. 1) erläutert wurde, tritt in kernfreier Luft auch nach Unterschreitung des Taupunktes keine Kondensation ein. WILSON (nach LANDSBERG [6]) stellte experimentell fest, daß erst bei einem Expansionsverhältnis von 1 : 1,252, dem eine Übersättigung der ausgedehnten Luft auf 420% relativer Feuchtigkeit entspricht, Kondensation in Form eines Tropfenschauers eintritt. Wie schon im vorhergehenden Abschnitt erwähnt (S. 22), beginnen bei dieser Übersättigung die negativen Kleinionen als Kondensationskerne wirksam zu werden. Dehnt man die kernfreie Luft noch weiter aus, so daß die relative Feuchtigkeit Werte über 420% annehmen kann, so zeigt sich nach einem kondensationsfreien Zwischenintervall bei dem Expansionsverhältnis 1 : 1,375 bzw. der ihm entsprechenden relativen Feuchtigkeit von 790% eine andere Art der Kondensation: Es bildet sich in der Versuchskammer Nebel, der aus zahllosen, winzigen Einzeltröpfchen besteht (THOMSON und BARUS). Ob nun bei Erreichung dieses Punktes eine „spontane Kondensation" einsetzt, bei der der Wasserdampf ohne Anwesenheit fremder Kerne in die flüssige Form übergeht, oder ob nun auch die positiven Kleinionen und einzelne Moleküle als Zentren der Kondensation dienen, darüber gehen die Meinungen auseinander.

Die entscheidende *Grundbedingung für die Bildung von Wassertröpfchen in der Luft* ist, daß an der Oberfläche dieser Tröpfchen *Gleichgewicht* herrscht zwischen austretenden und eintretenden H_2O-Molekülen, *zwischen Verdampfung und Kondensation.* Dieses Gleichgewicht drückt sich zahlenmäßig aus in der Gleichheit der Dampfspannung über der Tröpfchenoberfläche mit der Dampfspannung der umgebenden Luft. Über konvex gekrümmten Flüssigkeitsoberflächen wie über den Tröpfchen herrscht nun eine Erhöhung der Dampfspannung gegenüber ebenen Oberflächen, die um so größer ist, je größer die Krümmung, d. h. um so kleiner das Tröpfchen ist und deren Größe sich aus der THOMSONschen Formel bestimmen läßt. Hat nun die umgebende Luft nicht die gleich hohe Dampfspannung, sondern enthält weniger (gasförmigen) Wasserdampf, so überwiegt das Verdampfen an der Tröpfchenoberfläche, und das Tröpfchen verschwindet wieder. Es läßt sich auch theoretisch nach der thermodynamischen Theorie von GIBBS-VOLMER berechnen (KRASTANOW), daß wegen dieser Schwierigkeit die Wahrscheinlichkeit für die spontane Entstehung eines „Keimes", eines ersten Wassertröpfchens, bei nur geringer Übersättigung der Luft sehr gering ist. Bei 200% relativer Feuchtigkeit würde erst alle 10^{63} Jahre sich spontan ein Tröpfchen bilden, während bei einer Feuchtigkeit von 400% bereits jede Sekunde, bei einer Feuchtigkeit von 500% sogar im 10^{10}ten Teil einer Sekunde je ein neues Tröpfchen entstehen kann. Diese theoretischen Ergebnisse decken sich gut mit den experimentellen Feststellungen von WILSON, nach denen eine Kondensation in kernfreier Luft auch erst über 400% möglich ist.

Diese Übersättigungen treten in der Atmosphäre auch bei heftigen Aufwärtsbewegungen nicht ein (KRASTANOW). Es ist daher berechtigt, wenn AITKEN in einer seiner Arbeiten schrieb, daß es ohne Kerne wohl kaum Nebel oder Wolken in der Atmosphäre geben würde.

Die Kerne setzen den Dampfdruck über der Tröpfchenoberfläche wieder herab; das ist der entscheidende Grund für die Rolle, die die Kerne beim atmosphärischen Kondensationsvorgang spielen. Die Herabsetzung des Dampfdruckes kann verschiedene Ursachen haben. Sie kann in molekularen Kräften beruhen, die entweder durch physikalische Adsorption an benetzbaren festen Partikelchen die Bildung von Tröpfchen mit größerem Radius um diese Partikelchen herum gestatten oder durch chemische Absorption des Wasserdampfes an hygroskopischer Kernsubstanz ebenfalls diesen Kern zu einem größeren Tröpfchen heranwachsen lassen. Die Ursache kann aber auch in elektrischen Anziehungskräften liegen, wie sie von den Ionen auf die Wasserdampfmoleküle ausgeübt werden.

Im Gleichgewichtszustand, der für das Bestehen der Tröpfchen Vorbedingung ist, ist dann der Dampfdruck p über einem Teilchen nach einer Formulierung von LANDSBERG [6]:

$$p = p_0 + dp_1 - dp_2 - dp_3 .$$

Dabei bedeuten p_0 den Dampfdruck über der ebenen Wasseroberfläche, dp_1 die Dampfdruckerhöhung infolge der Krümmung der Tröpfchenoberfläche, dp_2 die Dampfdruckerniedrigung durch die Hygroskopizität der Kernsubstanz und dp_3 die Dampfdruckerniedrigung durch die elektrische Ladung der Kerne. Die Glieder dp_2 und dp_3 können verschwinden in Fällen, wo es sich um nichthygroskopische, feste bzw. ungeladene Kerne handelt. Das Glied dp_1 kann auch negativ werden, wenn sich nämlich an einem porösen Partikelchen konkave Flüssigkeitsoberflächen bilden, über denen dann der Dampfdruck gegenüber der ebenen Fläche niedriger ist.

Wie schon mehrfach erwähnt (S. 18 und 22), begünstigen die Kerne nicht alle im gleichen Maße die Kondensation, sondern benötigen je nach der Größe der dampfdruckerniedrigenden Kräfte verschieden große Übersättigungen. Die Kerne lassen sich unter diesem Gesichtspunkt in ein Kondensationsspektrum einordnen. Es gibt nun stets Kerne in der Luft (vermutlich bestehen sie aus Tröpfchen konzentrierter, hygroskopischer Substanz), die bereits bei geringen Übersättigungen im Gleichgewicht sind. An ihnen bilden sich bei atmosphärischen Aufwärtsbewegungen der Luft die ersten Wassertröpfchen. Ist nun die Aufwärtsbewegung langsam, etwa bei Bildung einer Stratusdecke durch Aufgleitvorgänge, so „fressen" diese Kerne die ganze überschüssige Wasserdampfmenge auf, die Übersättigung erreicht gar keine höheren Beträge mehr, und alle anderen Kerne, die im Kondensationsspektrum höheren Feuchtigkeitswerten zugeordnet sind, bleiben von der Kondensation unberührt. Natürlich ist aber in einer solchen Wolke die Zahl der freien Kerne, die noch im Kernzähler erfaßt werden, geringer als vor der Kondensation. Das beweisen — abgesehen von einigen wenigen, wohlbegründeten Ausnahmefällen — alle Messungen der Kernzahl im Nebel. Handelt es sich um schnellere Aufwärtsbewegungen der Luft, wie sie bei der Bildung sommerlicher Haufenwolken erkennbar werden, so wächst die Übersättigung schneller an, als sich Wasserdampf auf den bevorrechteten Kernen bilden kann; die Übersättigung erreicht daher auch höhere Werte. In diesem Falle werden auch mehr Kerne erfaßt, und die Wolkenluft ist ärmer an freien Kernen als in Stratuswolken. WIGAND [3] wies darauf hin, daß die Zahl der Wolkenelemente, d. h. der die Wolken bildenden Wassertröpfchen, im Einklang steht mit den Kernzahlen, die er bei Freiballonfahrten in größeren Höhen feststellte. Nach dem Gesagten ist zu erwarten, daß diese Zahl der Wolkenelemente in Stratuswolken geringer ist als in Haufenwolken, eine Tatsache, die durch die Beobachtungen bestätigt wird.

Verfasser konnte bei Messungen der Kernzahl am Observatorium Kalmit (BURCKHARDT) die Feststellung machen, daß die Kernzahl bei Nebel, der durch erzwungenes Aufsteigen der Luft am Gebirgsmassiv entstand und eine „Wolkenhaube" um den Gipfel bildete, sehr gering war. Die schnelle Aufwärtsbewegung der Luft lieferte offenbar genügend große Übersättigungen, um fast alle Kerne zu erfassen. Handelte es sich hingegen um winterlichen Nebel, der sich unter einer Inversion gebildet hatte, die ihrerseits noch oberhalb des Gipfels verlief, so waren die Kernzahlen in diesem Nebel von normaler Größe. Diese Unterschiede boten direkt eine Möglichkeit, mit Hilfe der Kernzahl die Art des Nebels festzustellen, der den Gipfel einhüllte.

Auch WIGAND [3] stellte bei seinen systematischen Untersuchungen des Kerngehaltes der höheren Luftschichten fest, daß Wolkenbildung und -auflösung für den Kerngehalt einer Luftschicht von ausschlaggebender Bedeutung sind. Mitunter kann aus dem Kerngehalt einer Schicht auf die vorangegangenen Wolkenvorgänge geschlossen werden. Auch nach Auflösung einer Wolke kann sich der Kernrückstand durch Dunst bemerkbar machen. Die aus der Wolke infolge ihrer Fallgeschwindigkeit herausfallenden Elementartröpfchen verdampfen wieder unter der Wolke, die Kerne werden frei und sammeln sich unter der Wolke an. Diese Überlegung scheint gestützt zu werden durch folgende Beobachtung, die am Observatorium Zugspitze am 16. 1. 37 gemacht wurde (Beobachter: Meteorologe HEGNAUER):

13^{30}: 230 Kerne/ccm, am Westhorizont Ac-Bank;

16^{20}: 680 Kerne/ccm, Ac-Bank im Zenit, schätzungsweise Untergrenze 400 m über Gipfel;

16^{35}: 200 Kerne/ccm, Ac-Bank hat Zenit überschritten.

Es wäre sicher verlockend, als Ursache dieser kernreicheren Insel unterhalb der Wolke den Kernrückstand von ausgefallenen und verdampften Tröpfchen anzusehen. Zahlenmäßige Überlegungen[1] zeigen aber, daß die ausfallenden Tröpfchen bis zu ihrer Verdampfung nur Weglängen zurücklegen, die in der Größenordnung von Zentimetern liegen; da auch die Fallgeschwindigkeit der freien Kerne sehr gering ist, ist diese Erklärung der kernreicheren Insel 400 m unterhalb der Wolke nicht mehr statthaft. Es dürfte vielmehr so sein, daß diese — am genannten Tag vereinzelte — Wolke ihr Entstehen einem isolierten aufwärtsgerichteten Luftstrom verdankte, der nicht nur durch die adiabatische Abkühlung genügenden Feuchtigkeitsüberschuß lieferte, sondern auch aus tieferen Luftschichten die erforderlichen Kondensationskerne mit sich brachte.

Eine andere Frage der Kondensation in der Atmosphäre ist die Bildung von Bodennebel bzw. Tau. Bei Unterschreitung des Taupunktes in der bodennahen Luftschicht schlägt sich der überschüssige Wasserdampf entweder als Tau auf

[1] Der Verfasser verdankt diesen Hinweis Herrn Dr. W. FINDEISEN, Friedrichshafen.

festen Gegenständen nieder, oder aber es bildet sich eine Nebelschicht. Bei der Alternative, ob nun die eine oder andere Erscheinung eintritt, dürfte neben den Temperaturverhältnissen der festen Gegenstände sehr wesentlich die Frage mitspielen, ob in der Luft genügend Kerne vorhanden sind, die schon bei minimalen Übersättigungen wirksam werden. Ist dies nicht der Fall, so laufen die festen Oberflächen den Kernen den Rang ab und zehren ihrerseits durch den Taubeschlag den vorhandenen Wasserdampfüberschuß auf. Eine Prognose der Bodennebelbildung, die für viele Zwecke höchst erwünscht ist, könnte daher nicht auf den Messungen eines Kernzählers mit seinen großen Übersättigungen aufgebaut werden, sondern auf Bestimmungen des Kondensationsspektrums im Bereich der kleinsten Übersättigungen.

Auf Größe, Zusammensetzung und Herkunft der Kondensationskerne wird noch im Dritten Teil der vorliegenden Veröffentlichung von H. FLOHN eingegangen werden (S. 86). Hier seien diese Fragen nur insoweit berührt, als es der Zusammenhang erfordert.

AITKEN nahm ursprünglich an, daß die in der Luft vorhandenen *Staubteilchen* als Kondensationskerne wirken und im Zähler, den er deshalb auch Staubzähler nannte, mengenmäßig bestimmt werden. Angeregt durch die Tatsache, daß bei Messungen im Freiballon keine Erhöhung der Kernzahlen durch den feinen Ballaststaub eintritt, untersuchte WIGAND [1] verschiedene Arten von Staub (Kohlenstaub, Teppichstaub usw.) auf seine Kernwirksamkeit. Das Ergebnis dieser Untersuchungen war, daß man bislang die Kernwirksamkeit des Staubes stark überschätzt hatte. Hingegen konnte er zeigen, daß die *Verbrennungsprodukte*, wie sie im Rauch sichtbar werden, sehr stark an der Bereitstellung von Kernen beteiligt sind. Vor allem sind es die *hygroskopischen Nebenprodukte* der Verbrennung (z. B. SO_2), die *wasserlöslichen Riechstoffe* und die *großen Ionen*, die in den *Flammengasen* in großen Mengen vorkommen. BOYLAN stellte fest, daß in einem geschlossenen Raum die Kernzahl von 16000 auf 100000 anstieg, nachdem eine Öllampe angezündet und eine halbe Stunde in Betrieb gehalten worden war.

KÖHLER [1, 2] baute eine *Theorie der Kondensationskerne* auf der *Annahme* auf, daß *alle Kerne Tröpfchen von Lösungen hygroskopischer Salze* sind. Diese Salze stammen teils vom Meerwasser, teils von Verbrennungs- und Stoffwechselvorgängen auf dem Lande. Die Kerne wachsen infolge Feuchtigkeitsaufnahme bereits bei Zunahme der relativen Feuchtigkeit, auch wenn diese noch nicht den Wert 100% erreicht hat. Die Abhängigkeit der Kerngröße von der relativen Feuchtigkeit ist für den Fall von Schwefelsäuretröpfchen verschiedener Säuremenge in der Abb. 7 dargestellt. Bei Erreichung eines Punktes P, der bereits im Übersättigungsbereich liegt, nimmt der Dampfdruck über dem Tröpfchen mit zunehmendem Radius ab, so daß nun ein schnelles Wachstum des Kerntröpfchens bis zum Nebeltropfen einsetzen kann; dabei sinkt die Feuchtigkeit der Luft infolge der Kondensation wieder auf den Sättigungswert. Wie man aus der Abbildung weiterhin erkennen kann, wird der Punkt P im jeweiligen Kurvenverlauf bei allgemeiner Feuchtigkeitszunahme von größeren Kerntröpfchen früher erreicht als von kleineren. Bei Überschreitung der Sättigungsgrenze tritt die Kondensation demnach erst an den größten Kernen ein; nimmt die Übersättigung dann noch weiter zu, so wird auch für kleinere Kerne der Punkt P erreicht, d. h. die Kondensation erfaßt dann auch diese Kerne. Im allgemeinen wird aber der

Wasserdampfüberschuß zuerst von den größten Kernen aufgezehrt; dabei sinkt der Dampfdruck auf den Sättigungswert herab, so daß die kleineren Kerne zunächst völlig unberührt bleiben; ihre Größe geht sogar vorübergehend zurück. Erst wenn erneute Übersättigung eintritt und größere Werte als vorher erreicht hat, wachsen auch die nächstkleineren Kerne zu Nebeltropfen an. Der ganze Vorgang läßt sich als „fraktionierte Kondensation" bezeichnen. Nach Köhler gibt es nur Kerntröpfchen, deren Masse ein gerades Vielfache einer Elementarmenge ist. Steigt eine Luftmasse auf und kühlt sich dabei adiabatisch ab, so wird zuerst an der größten Kerngruppe Kondensation eintreten, es bildet sich eine erste Wolkenschicht; die weiter aufsteigende Luft erreicht dann bald — nach vorübergehender Feuchtigkeitsabnahme — den Schwellenwert der Übersättigung für die zweite Kerngruppe, die dann ihrerseits wieder Wolkenbildung hervorruft. So sieht Köhler das Bestehen von Wolkenschichten als ein Beweis für die Tröpfchennatur der Kerne an. Weitere Beweise werden im Vorkommen von Kernen im Nebel und in der Sichtabnahme bei zunehmender relativer Feuchtigkeit erblickt. Junge [1] konnte die theoretischen Darlegungen Köhlers auch experimentell durch Übersättigungsmessungen an Gasflammenionen bestätigen.

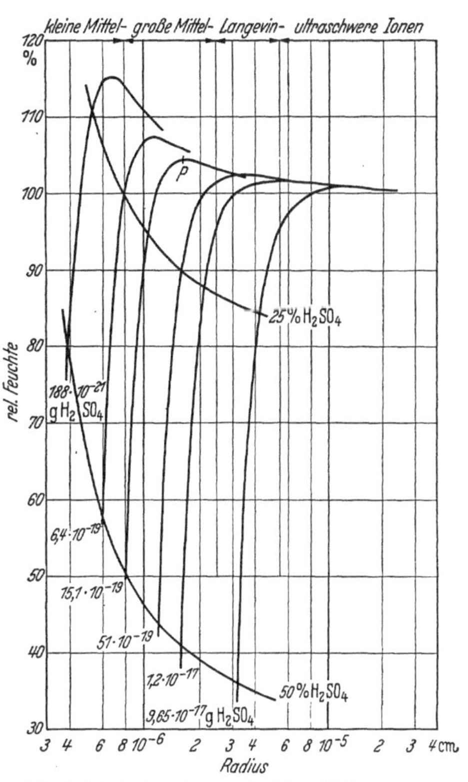

Abb. 7. Wachstumskurven für Schwefelsäure-Kerne (nach Junge [1]).

Es ist verschiedentlich versucht worden, die Herkunft der hygroskopischen Kerne aus dem Meerwasser zu bestätigen. Experimentell konnten Melander durch Erhöhung des Kerngehaltes in einem Gefäß mit Salzlösung und Coste und Wright (nach Landsberg [6]) durch Zerspritzen von Meerwasser nachweisen, daß beim Verdampfen von salzhaltigem Wasser tatsächlich Kerne erzeugt werden. Im großen ist der Prozeß der Kernerzeugung dadurch denkbar, daß entweder die *Verdunstung des Wassers im Wattenmeer* oder die *Zerspritzung beim Seegang und bei der Brandung* Salzteilchen an die Luft liefert. Nach Melander kann auch das Salz der Salzkrusten in der Wüste kernbildend wirken. Lüdeling [2, 3, 5] stellte fest, daß zur Zeit der Ebbe, wenn über dem trockengelegten Land das zurückgebliebene Seewasser verdunstet, ein größerer Kerngehalt der Luft zu finden ist. Mathias machte eine ähnliche Beobachtung, die sich allerdings nur auf wenige Messungen stützt. Kähler und Zegula hingegen beobachteten auf Norderney den umgekehrten Effekt (bei Niedrigwasser 2640, bei zunehmendem Wasser 3520, bei Hochwasser 4620 und bei abnehmendem Wasser 3960 Kerne je ccm. Untersuchungen der Kurortklimakreisstelle Ostfriesland in Norderney

(Beobachter: Meteorologe Dr. RIEDEL), die im Frühjahr 1938 in ganztätigen Meßfahrten mit einem Kutter des Wasserbauamtes Norden angestellt wurden, um eine Kernerzeugung im Watt zu untersuchen, hatten ebenfalls ein negatives Ergebnis; es wurden Vergleiche gezogen zwischen Luft, die über größere Wattflächen, und solche, die unmittelbar vom Festland oder vom Meer gekommen war: Es bestand kein Unterschied. Positive Zusammenhänge zwischen *Brandung bzw. Seegang und Kernzahl* wurden gefunden von LÜDELING [4], der bei Messungen auf der Ostmole bei Swinemünde feststellte, daß über den zerspritzenden Wellen „ganz zweifellos eine außergewöhnlich hohe Zahl von Kondensationskernchen" auftrat, von PACINI, der in Bari einen Mittelwert von 18550 Kernen bei ruhiger See und von 23200 Kernen bei bewegter See maß, von NEUBERGER [3, 4], der auf Sylt bei Seewind und ruhiger See 1240, bei mäßig bewegter See 1480 und bei grober See 1650 Kerne zählte, und von HESS [1], der auf Helgoland bei stärkerem Seegang eine Herabsetzung der mittleren Lebensdauer von Kleinionen infolge vermehrter Kernbildung (s. S. 34) beobachtete. Sowohl MATHIAS als auch NEUBERGER konnten jedoch auch den umgekehrten Effekt beobachten; sie erklären diese Abweichung übereinstimmend damit, daß stärkerer Seegang mit größerer Windstärke verbunden ist, die ihrerseits durch Turbulenz kernärmere Luft aus der Höhe herabholt und so den Einfluß des Seeganges kompensiert. Ist diese Beobachtung demnach noch nicht in Widerspruch mit den übrigen Autoren, so konnte an der schon genannten Dienststelle in Norderney (RIEDEL) festgestellt werden, daß in unmittelbarer Nähe der Wasseroberfläche an der Buhne nur 80 Kerne, gleichzeitig aber auf einer freigelegenen Anhöhe 300 Kerne je ccm vorhanden waren. RIEDEL schließt daraus auf eine Filterwirkung des zerspritzenden Meerwassers, ganz im Gegensatz zur anderwärts behaupteten Kernerzeugung; diese Filterwirkung konnte er auch nachweisen bei Messungen im Seewasserwellenschwimmbad, wo der ursprüngliche Kerngehalt von 20000 je ccm nach Erzeugung der Wellen und 9 Minuten langem Wellenschlag auf 8000 zurückging. Schließlich ergab sich für die Messungen am Nordstrand, daß bei der stärkeren Brandung des steigenden Wassers im Mittel 1800, bei fallendem Wasser und daher schwächerer Brandung 4800 Kerne je ccm vorhanden sind. Auch KÄHLER und ZEGULA beobachteten ein Ausfällen der Kerne durch Gischttröpfchen der Brandung.

Es soll an dieser Stelle eingeflochten werden, daß an der Kurortklimakreisstelle Weserbergland in Bad Salzuflen (Beobachterin: Dr. SCHWANTES) Untersuchungen angestellt wurden über die Anreicherung der Luft mit Kondensationskernen in der Nähe von Gradierwerken. Ein ganzes Jahr lang, von Juli 1936 bis Juli 1937 wurde täglich zu nahezu gleichen Tageszeiten an 9 verschiedenen Meßpunkten die Kernzahl bestimmt. Es zeigt sich nun zwar, daß an den Meßstellen in der Nähe der Gradierwerke durchschnittlich mehr Kerne beobachtet werden als an den anderen, im Kurpark gelegenen, doch befinden sich letztere auch weiter vom Stadtmittelpunkt und ganz allgemein von menschlichen Siedlungen entfernt; der größere Kernreichtum in der Nähe der Gradierwerke braucht daher nicht durch Salzteilchen bedingt zu sein. Eine Bearbeitung der Meßergebnisse nach Windrichtungen zeigt allen Meßstellen gemeinsam ein Maximum der Kernzahlen bei östlichen und nördlichen Winden; die „Kernwindrose" (S. 61) ist an den verschiedenen Meßstellen etwas verschieden gestaltet, doch liefern gerade diejenigen für die Meßstellen an den Gradierwerken keinen einwandfreien Beweis für eine Modifizierung der Kernwindrosen im Sinne einer Kernerzeugung durch die Gradierwerke. Man könnte aus den Ergebnissen einer Meßstelle sogar mit gleichem Recht schließen, daß im Gradierwerk eine Filterung der durchstreichenden Luft erfolgt. Jedenfalls erscheint ein schlüssiger Beweis für eine Kernerzeugung in Gradierwerken nicht erbracht.

Ein weiteres, sehr wichtiges Argument gegen die von KÖHLER vertretene Ansicht, daß 80% aller für die Niederschlagserzeugung notwendigen Kondensationskerne vom Meere stammen, ist die Tatsache, daß in Luftkörpern maritimen Ursprungs auch weit im Binnenlande noch die niedrigsten Kernzahlen gemessen werden (S. 66) und daß an der Küste und auf dem freien Meer so kleine Kernzahlen bei rein maritimer Luft beobachtet wurden, wie sie sonst nur den hohen Atmosphärenschichten eigen sind. So wurde die bisher kleinste Zahl von nur 2 Kernen im ccm von WIGAND [5] mitten auf dem Nordatlantik gemessen; als Mittelwert des Kerngehalts über dem freien Ozean stellte er bei der Westfahrt 709, bei der Ostfahrt 801 Kerne im ccm fest. KNOCHE ermittelte bei der Überfahrt von Hamburg nach der Westküste Südamerikas einen Mittelwert von 1130, der allerdings durch Einbeziehung der küstengestörten Werte zu hoch ist und bestimmt unter 1000 liegt; der häufigste Wert liegt zwischen 400 und 600 Kernen pro ccm. BRAAK fand auf einer Reise von Java nach Holland bei NO-Monsun in der Arabischen See zwischen 460 und 1010, in der Nähe von Kap Gardafui und der Bucht von Aden zwischen 360 und 430 Kerne im ccm. Bei den Kreuzfahrten der „Carnegie" wurden als Mittelwerte für den Pazifischen Ozean 774, für den Atlantischen Ozean 870 errechnet (WAIT); die Häufigkeitsstatistik aller 221 Meßorte ergibt, daß 68% aller Kernzahlen unter 400 liegen, 30% zwischen 100 und 200 (LANDSBERG [6]). Wenn man die Kernzahlen aus dem Binnenlande (Flachland) dagegen vergleicht, die sich in der Größenordnung von 10^5 bis 10^6 bewegen, so kann man sich nicht der Überzeugung verschließen, daß *der Großteil der Kondensationskerne* eben doch *auf dem Festland erzeugt* wird.

BOSSOLASCO [2] beobachtete in Mogadischu (Italienisch-Somaliland) als Kerngehalt der unbeeinflußten Luftmassen des NO-Monsuns im Mittel 400 je ccm; eine Überquerung von nur 1 km Landweg bewirkte einen Zuwachs auf das 4- bis 5fache. Als Ursache wird die Böigkeit angegeben, „da der durch Aufwirbelung von dem sandigen Boden in der Luft verteilte Landstaub in einer rein maritimen Luftmasse eine indirekte, aber starke Wirkung auf die Kernbildung ausüben muß". Wegen dieses Ergebnisses wurde er von NEUBERGER [2] stark angegriffen, der auf Grund eigener Messungen auf Sylt und im Hinblick auf die Feststellungen WIGANDS [1] zur Kernwirkung fester Körperchen den Landeinfluß ablehnte. BOSSOLASCO [3] selbst wies in einer Entgegnung darauf hin, daß sich einmal die Ergebnisse von Sylt nicht ohne weiteres mit denen von Mogadischu vergleichen lassen, und daß andrerseits sehr wohl die Salzkruste des Wüstensandes als kernerzeugend auftreten kann. In letzter Zeit konnte RIEDEL bei seinen Messungen auf Norderney zeigen, wie groß der Einfluß selbst eines sehr schmalen Landgebietes auf den Kerngehalt der darüberstreichenden Seeluft ist. Auch aus diesen Untersuchungen ergibt sich somit das Überwiegen des festen Landes in der Kernproduktion über die See.

In jüngster Zeit führte FINDEISEN [2] durch rein zahlenmäßige Überlegungen den theoretischen *Beweis*, daß *die Mehrzahl der Kondensationskerne nicht aus Salzteilchen* besteht. Er führte einerseits die Annahme, daß jedes Wolkenelement einen Salzkern zum Kondensationskern hat, dadurch ad absurdum, daß er aus dem Salzgehalt des Regenwassers und der Größe der Wolkenelemente die Größe dieser angenommenen Salzteilchen berechnete und zeigte, daß sie für eine Entstehung aus Spritzwasser zu klein sind. Weiterhin gelang es ihm, die wahre Zahl der Salzteilchen in der Luft aus der Häufigkeit des Aufleuchtens einer Gasflamme (bei Verdampfen von Na) zu bestimmen; sie ist um viele Größenordnungen kleiner als die Zahl der Kondensationskerne, genügt aber, um den Salzgehalt des Regenwassers zu erklären. Die vorhandenen Salzteilchen werden zwar stets als besonders gut geeignete Kondensationskerne dienen und mit am frühesten durch die Kondensation ausgefällt werden, sie stellen aber — im Gegensatz zur Theorie KÖHLERS — nur einen geringen Teil der Kondensationskerne dar, nicht nur derjenigen, die im Kernzähler bei großen Übersättigungen sichtbar werden, sondern der Kerne, die bei der Wolkenbildung die Hauptrolle spielen.

Dürfte es somit als gesichert gelten, daß die Salze des Meerwassers nur einen geringen Teil an der Gesamtkernzahl darstellen, so ist es inzwischen auch klar geworden, daß die hygroskopischen Kerne an sich — einschließlich der durch Verbrennung entstehenden hygroskopischen — nicht die Gesamtheit aller Kondensationskerne bilden können. Diese Tatsache erhellt schon daraus, daß der Zusammenhang zwischen Sichtweite, Feuchtigkeit und Kernzahl durchaus nicht so einfach ist, wie man ihn unter der Annahme ausschließlich hygroskopischer Kerne erwarten müßte (S. 78). Die Untersuchungen WIGANDS [1] über die Kernwirksamkeit des Staubes, die die Einbeziehung fester, nichthygroskopischer Substanzen als Kerne unmöglich erscheinen ließen, blieben nicht unwidersprochen; selbst die den Anstoß liefernde Substanz des Ballastsandes bei Freiballonfahrten wurde von BUDIG als kernbildend erkannt. Auch LAHMEYER und DORNO kamen durch ihre Messungen in Assuan zur Überzeugung, daß die in der Wüste gefundenen Kondensationskerne „knochentrockene, elektrisch geladene, submikroskopische Staubteilchen“ sind. Nachdem JUNGE [1, 2] schon in seinen ersten Arbeiten zeigen konnte, daß die vom glühenden Nernst-Stift gelieferten Ionen (poröse, flockige Gebilde aus Zirkon- und Yttriumoxyd) als Kondensationskerne wirken, trotzdem sie nicht hygroskopisch sind und daher unter 100% relativer Feuchtigkeit keine Wasser anlagern, wies er in seiner weiteren Arbeit [3] über *die Kernwirksamkeit des Staubes* — die für das Problem von umwälzender Bedeutung wurde — nach, daß *jede Substanz, ob hygroskopisch oder nicht, ob benetzbar oder nicht, in fein verteiltem Zustand als Kondensationskern wirken kann,* wenn nur der Radius des einzelnen Teilchens zwischen den Grenzen 10^{-7} und $7 \cdot 10^{-4}$ cm liegt. Der Widerspruch zu den Ergebnissen WIGANDS läßt sich klären unter Berücksichtigung der Tatsache, daß selbst in den dichten Staubwolken der WIGANDschen Versuche im Verhältnis zur Größe der Kernzahl nur wenige geeignete Staubpartikelchen im ccm vorhanden waren; die Erhöhung der Kernzahl durch die Staubpartikelchen lag daher unter der Fehlergrenze des Kernzählers. Bei der Untersuchung der Nernst-Ionen konnte JUNGE feststellen, daß zur Herbeiführung der ersten Kondensation an diesen Kernen eine größere

Übersättigung notwendig war als bei den nachfolgenden Dilatationen; diese Entdeckung, die übrigens auch schon von AITKEN angedeutet wurde, weist darauf hin, daß bei der ersten Wasseranlagerung Strukturänderungen des flockigen Gebildes vor sich gingen. Es dürfte nicht abwegig sein anzunehmen, daß in Kapillaren und einspringenden Ecken des Partikelchens Wasserreste zurückbehalten werden, die dann infolge ihrer konkaven Oberflächenkrümmung dampfdruckerniedrigend wirken (S. 24).

Nach diesem Ergebnis, daß nämlich alle Aerosolteilchen, wenn sie nur die genannte Größe haben, als Kondensationskerne wirken, wäre es auch nicht ausgeschlossen, daß organische Beimengungen der Luft (Blütenstaub, Mikroorganismen usw.), die allerdings meist größer als 10^{-4} cm sind, als Kerne in Frage kommen. HAHN stellte fest, daß die Zahl der Kerne und der Keime in der Luft parallele Veränderungen zeigen; L. SCHULZ konnte bei Untersuchungen an der Bioklimatischen Forschungsstelle des Reichsamts für Wetterdienst in Braunlage keine Erhöhung der Kernzahlen beim Pollenflug der Fichte feststellen (S. 119). Weitere Untersuchungen über diesen Punkt sind nicht bekannt.

Daß *der Erdboden* auch *als Kernerzeuger* auftreten kann, ist nach den Ergebnissen von JUNGE und den Beobachtungen von BOSSOLASCO und RIEDEL (S. 20), nicht mehr fraglich. Einen schönen Beweis für diese Tatsache erbrachte SCHULZ (S. 116) durch seine Messungen in Braunlage. Er konnte nachweisen, daß bei gefrorenem oder mit Schnee bedecktem Boden die Kernzahl niedriger ist als bei normalem Boden. Eine bei normalem Boden festgestellte Abhängigkeit der Kernzahl von der Sonnenstrahlung bestand nicht mehr, wenn der Boden mit Schnee bedeckt war. Die starke Konvektion bei Sonnenschein verfrachtet demnach offenbar Kerne vom Erdboden in die über ihm liegenden Luftschichten; ob es sich dabei um emporgetragene feste, mineralische Kerne oder um gasförmige Ionen der stärker ionisierten Bodenluft handelt, bleibt dahingestellt.

Der Zusammenhang zwischen Ionen und Kondensationskernen, wie überhaupt die Beziehung zur Luftelektrizität wird im nächsten Abschnitt besprochen werden. Es sei in diesem Zusammenhang zur Vervollständigung nur angeführt, daß neben den festen und den hygroskopischen, meist flüssigen Kondensationskernen auch gasförmige Ionen als Kerne auftreten. Die elektrische Ladung fester oder flüssiger Kerne hat nach JUNGE [1] nur bis zur Radiusgröße $1{,}7 \cdot 10^{-7}$ cm, also nur bei den kleinsten der wirksamen Kerne, eine ins Gewicht fallende dampfdruckerniedrigende Wirkung. Als Kernquellen kommen neben dem — anteilmäßig sehr beschränkten — Meerwasser, den Verbrennungsprozessen, dem Bodenstaub und gewissen organischen Substanzen (Pollen, Bakterien) im Hinblick auf die Ionen auch alle Prozesse in Betracht, bei denen Ionen entstehen. Das sind zunächst wieder alle Verbrennungs- und Glühvorgänge, dann aber auch Wasserzerspritzung (Lenard-Effekt; s. S. 82), ionisierende Strahlen kosmischen oder terrestrischen (Röntgenstrahlen!) Ursprungs, Blitzschlag u. dgl.

Als Kondensationskerne können auch extraterrestrische Substanzen in Tätigkeit treten, wenn diese als Zerfalls- oder Verbrennungsprodukte eines Meteors in die Atmosphäre gelangen. Eine weitere Möglichkeit für einen kosmischen Ursprung der Kerne könnte in den gasigen Bestandteilen der Kometen erblickt werden; sie wurde beim Durchgang der Erde durch den Schweif des

Halleyschen Kometen im Mai 1910 geprüft (TETENS) und ergab kein positives Ergebnis.

Die Anwesenheit von festen Kondensationskernen mineralischen oder meteorischen Ursprungs in den höheren Luftschichten ist von großer Bedeutung für die Ausfällung des Wasserdampfes auf dem Wege der Sublimation, d. h. der Bildung von Eiskristallen. Auf die Möglichkeit einer Verschiedenheit zwischen Kondensations- und Sublimationskernen hat schon A. WEGENER [1] hingewiesen. Auf ihr hat FINDEISEN [3] in einer für die Weiterentwicklung des Problems höchst bedeutsamen Arbeit über die kolloidmeteorologischen Vorgänge bei der Niederschlagsbildung eine neue Theorie der Niederschlagsbildung aufgebaut, die den bisher bekannten Tatsachen nicht widerspricht und — nach ihrer Bestätigung — manche bisher ungeklärten Erscheinungen in anderes Licht setzen dürfte. Die Schwierigkeit bei der Untersuchung der Sublimationskerne besteht in ihrer geringen Anzahl (10^{-2} bis 10 im ccm). Sie scheinen in höheren Luftschichten zeitweise so spärlich vorhanden zu sein, daß dort größere Übersättigung herrscht und beim Einbringen geeigneter Kerne daher sofort Sublimation an diesen einsetzt; das beweist die Bildung von Cirren durch die Auspuffgase von Flugzeugen oder durch das Platzen von Pilotballonen.

3. Kondensationskerne und Luftelektrizität.

Die Luft ist für die Elektrizität kein vollkommener Isolator. Würde sie es sein, so dürfte z. B. die Aufladung eines Kondensators mit statischer Elektrizität nicht im Laufe kürzerer Zeit zurückgehen und endlich ganz verschwinden. Die Ladung dieses sich selbst überlassenen Kondensators wird vielmehr durch die Luft fortgeleitet, „zerstreut". Nun ist allerdings der Mechanismus der Elektrizitätsleitung in der Luft wie überhaupt in Gasen ein anderer als in Metallen. Die Elektrizität ist in der Luft an Träger gebunden, an die von ELSTER und GEITEL entdeckten *Ionen.*

Zuerst bekannt geworden sind die *Kleinionen.* Ihre Größe bewegt sich wahrscheinlich in molekularen Dimensionen. Sie entstehen wohl dadurch, daß von den Gasmolekülen ein — negativ geladenes — Elektron abgespalten wird; wie dieses Elektron als Ladung die sog. Elementarladung, d. i. die kleinste Elektrizitätsmenge, trägt, so sind auch die Kleinionen nur mit *einer* Elementarladung geladen. Die Abspaltung der Elektronen und damit die Ionisierung der Luft geschieht vornehmlich unter dem Einfluß von kurzwelliger Strahlung; die hauptsächlichsten Ionisatoren sind daher die ultraviolette Strahlung, die Strahlung der radioaktiven Substanzen und die Höhenstrahlung (kosmische Strahlung). Daneben spielt auch die Ionisierung bei Zerspritzen von Wassertröpfchen (Lenard-Effekt) eine Rolle (S. 82). Die Beweglichkeit dieser Kleinionen, die sich aus Zerstreuungsmessungen bestimmen läßt, beträgt in einem elektrischen Feld von einem Potentialgefälle von 1 Volt/cm (etwa das Gefälle in der Nähe der Erdoberfläche) rund 1—2 cm/s. Die Zahl der Kleinionen beträgt über dem Festland im Mittel 700/ccm (WEGENER); darin ist die Zahl der positiven und der negativen Kleinionen enthalten. In dieser Gesamtzahl haben aber die positiven Ionen das Übergewicht über die negativen, wodurch die positive Raumladung bedingt ist. Bei ihren Bewegungen stoßen positive und negative Ionen zusammen und vereinigen sich wieder zu neutralen Molekülen. Wenn sich die

Ionisierungsstärke nicht ändert, muß ein Gleichgewichtszustand bestehen dergestalt, daß in der Zeiteinheit gleichviel neue Ionen durch Einwirkung von Strahlung usw. entstehen, wie durch Wiedervereinigung zerstört werden.

Daß auch die Kleinionen als Kondensationskerne bei großen Übersättigungen wirken können, wurde schon S. 22 erwähnt. WILSON fand, daß bei einer Übersättigung von 420% relativer Feuchtigkeit an den negativen, bei 790% an den positiven Kleinionen Kondensation eintritt (entsprechend den Expansionsverhältnissen 1 : 1,25 bzw. 1 : 1,31[1]). Die zur Kondensation notwendige verschieden große Übersättigung für die Ionen verschiedenen Vorzeichens deutet darauf hin, daß die elektrische Ladung ihrem Vorzeichen nach bei der Kondensation eine Rolle spielt; es scheint, daß die Wasserdampfmolekel ebenfalls eine Ladung aufweisen. Da die notwendigen großen Übersättigungen bei den dynamischen Vorgängen der unteren Luftschichten wohl kaum auftreten, spielen auch die Kleinionen als Kondensationskerne im allgemeinen keine Rolle. WIGAND [3] wies allerdings darauf hin, daß in großen Höhen bei Freiballonfahrten Kondensation an der Ausatmungsluft festgestellt wurde und daß die Dichte des entstehenden Dampfes nicht im Einklang mit der dort gefundenen geringen Kernzahl stand; die Erscheinung kann nur durch die hohe Übersättigung erklärt werden, die in der warmen Atemluft bei Abkühlung auf die Temperatur der Umgebung entstand und die ausreichte, um auch die Kleinionen als Kondensationskerne wirken zu lassen.

Schon ELSTER und GEITEL fanden, daß zwischen den gewöhnlichen Kondensationskernen, wie sie mit dem AITKENschen Apparate gemessen wurden, und ihren Kleinionen ein Zusammenhang bestand: Je größer die Zahl der Kerne ist, um so geringer die Zahl der Kleinionen, und umgekehrt. Bei Messungen auf dem Patscherkofel fanden v. FICKER und DEFANT, daß Kernzahl und „Zerstreuung" einen inversen Tagesgang aufweisen. Sie führen zwar diesen Tagesgang auf die Konvektion zurück, können aber nicht alle Rätsel lösen, die in diesem Sachverhalt verborgen liegen. Die Zusammenhänge wurden erst dann klarer, als LANGEVIN die oft nach ihm benannten „Langevin-" oder besser *„große" Ionen* entdeckte. Diese große Ionen besitzen eine viel geringere Beweglichkeit als die Kleinionen (bei Langevin $3 \cdot 10^{-4}$ cm/sec bei einem Gefälle von 1 Volt/cm) und entstehen durch die Anlagerung von Kleinionen an die Kondensationskerne.

Man weiß, daß sich die Kondensationskerne aus ungeladenen, aus positiv und aus negativ geladenen Kernen zusammensetzen; für die Anzahl der Kerne N besteht daher die Beziehung:

$$N = N_0 + N_+ + N_- ,$$

wo N_0 die Zahl der ungeladenen, N_+ die Zahl der positiv und N_- die Zahl der negativ geladenen Kerne ist. In vereinfachter Form kann man auch schreiben:

$$N = N_0 + N_g ,$$

wo

$$N_g = N_+ + N_-$$

[1] Die verschiedene Angabe der Übersättigungswerte bei verschiedenen Autoren ist wohl darauf zurückzuführen, daß den genannten Expansionsverhältnissen verschiedene Ausgangstemperaturen zugrunde gelegt wurden, was zu anderen Endwerten der Übersättigung führen muß (S. 21).

die Zahl aller geladenen Kerne beiderlei Vorzeichens bedeutet. Man macht hierbei im allgemeinen die plausible Annahme, daß sich N_+ und N_- nicht sehr wesentlich voneinander unterscheiden. Die Zahl der ungeladenen und die Gesamtzahl der Kerne bestimmt man mit dem großen Modell des Kernzählers nach SCHOLZ (S. 14); die Zahl der geladenen Kerne N_g ergibt sich dann als Differenz zwischen beiden Werten. Die Zahl der großen Ionen mißt man mit luftelektrischen Instrumenten, z. B. mit dem EBERTschen Ionenzähler. ISRAËL [2, 4] bezweifelt aus verschiedenen Gründen, „daß jedes Ion gleichzeitig auch im AITKENschen Kernzähler als Kondensationskern fällt, daß überhaupt Kerne und Ionen sich nur durch die Ladung unterscheiden".

Die großen Ionen und die Kondensationskerne setzen die Lebensdauer der Kleinionen herab, indem die Kleinionen durch Anlagerung an die Kerne und Großionen „verschwinden". Es ist daher verständlich, daß die Zahl der Kleinionen um so geringer wird, je mehr Kerne in der Luft vorhanden sind. Ursprünglich nahm man an, daß das Produkt aus Kernzahl N und Lebensdauer ϑ der Kleinionen konstant sei; SCHLENK (nach HESS [1]) konnte eine derartige indirekte Proportionalität auch bei kernreicher festländischer Luft feststellen. HESS stellte aber bei Messungen auf Helgoland fest, daß das Produkt $N \cdot \vartheta$ einen wechselnden Wert hat; ebenso bemerkte SCHOLZ [3], daß das Produkt starke Schwankungen aufweist. Die irischen Physiker NOLAN [1, 2, 3] kamen auf Grund ihrer ausgedehnten Messungen in Glencree (südlich von Dublin) zu dem Ergebnis, daß sich die Zusammenhänge zwischen Kleinionen und Kernen besser durch eine empirische Formel darstellen lassen, in die die Quadratwurzel der Kernzahl eingeht. Als Grund für die Abweichungen geben sie an, daß im Kernzähler nicht nur die Großionen, sondern auch zum Teil die „mittelschweren Ionen" erfaßt werden, die nach ihrer Größe und Beweglichkeit zwischen Klein- und Großionen liegen (in Abb. 7, S. 27 sind am oberen Rand die ungefähren Grenzen im Ionenspektrum angedeutet). ISRAËL [5] glaubt, daß auch diese Formel nur als eine Näherung zu werten sei und daß man den wirklichen Verhältnissen dann näher kommt, wenn man annimmt, daß es auch mehrfach geladene Großionen gibt, deren Anteil an der Gesamtionenzahl jedoch nur bei kleinen Ionenzahlen ins Gewicht falle.

Das Gleichgewicht in der Ionisierung, die Ionisierungsbilanz, wird nach SCHWEIDLER in folgender Gleichung dargestellt:

$$\beta = \alpha \cdot n + \eta \cdot N_g + \eta' \cdot N_0 .$$

Hierbei bedeuten β die sog. Verschwindungskonstante, d. i. der reziproke Wert der mittleren Lebensdauer der Kleinionen, n die Zahl der Kleinionen und α, η und η' die Wiedervereinigungskoeffizienten für die Vereinigung der Kleinionen mit Kleinionen bzw. den geladenen Kernen bzw. den ungeladenen Kernen. Wie aus den Darlegungen des letzten Absatzes und aus weiteren Messungen hervorgeht, sind die Wiedervereinigungskoeffizienten durchaus keine Konstanten, sondern Funktionen der Kernzahl N. Ist die Zahl der Kerne sehr gering, wie z. B. über der offenen See, so ist das Gleichgewicht im wesentlichen durch die Entstehung der Kleinionen infolge Einwirkung der Strahlung und das Verschwinden infolge Wiedervereinigung mit entgegengesetzt geladenen Kleinionen bestimmt; erst mit Annäherung an die Küste werden die Verhältnisse komplizierter. HESS [1] schreibt hierzu:

„Man darf annehmen, daß in den landfernen Gebieten der Ozeane die kosmische Ultrastrahlung der einzig wirksame Ionisator der Atmosphäre ist. Je mehr man sich dem Festlande nähert, desto mehr treten die vom Lande herübergewehten Mengen von Radiumemanation mit ihren Zerfallsprodukten als Ionisatoren hervor. Daß trotzdem die beobachteten Ionenzahlen gegen die Küste zu nicht merklich anwachsen, beruht darauf, daß die wachsende Zahl der AITKENschen Kondensationskerne festländischen Ursprunges die mittlere Lebensdauer der Kleinionen immer mehr herabsetzt und so die Zunahme der Ionisation völlig maskiert.“

Die wichtige Rolle der Kondensationskerne für alle luftelektrische Fragen dürfte damit hinreichend beleuchtet sein.

Von beträchtlicher Wichtigkeit für die Frage nach der Natur der Kondensationskerne ist auch der Anteil der ungeladenen Kerne an der Gesamtkernzahl. Man bedient sich bei Untersuchungen dieses Fragenkomplexes meist des Verhältnisses N_0/N_g, der Zahl der ungeladenen Kerne zur Gesamtzahl der geladenen Kerne; die Bestimmung dieser Größe erfolgt meist mit dem großen SCHOLZschen Kernzähler. Der Wert des Verhältnisses ist im Mittel immer größer als 1, meist sogar größer als 2. Das bedeutet, daß von den Kondensationskernen im Durchschnitt der größere Teil ungeladen ist. Der Wert des Verhältnisses N_0/N_g hängt wie die Kernzahl N selbst von anderen meteorologischen Faktoren ab und scheint auch eine Funktion der Gesamtkernzahl N zu sein. Während bei kleinen Kernzahlen der Wert des Verhältnisses bei der Zahl 2 liegt (HESS [1] fand auf Helgoland bei 6000 Kernen im ccm den Wert 2,2, SCHACHL in Innsbruck im Sommer bei 8000 Kernen 2,3, im Winter bei 15000 Kernen 2,8), erhöht sich der Wert bei steigender Kernzahl beträchtlich; so ergab sich in Frankfurt a. M. bei Messungen von ISRAËL [5] für eine mittlere Kernzahl <50000 der Wert 3,5, für Kernzahlen >50000 jedoch 6,1. Demnach wird bei wachsender Kernzahl der Anteil der ungeladenen Kerne an der Gesamtkernzahl immer größer und die geladenen Kerne treten immer mehr in den Hintergrund. Umgekehrt konnten ISRAËL [4] und SCHACHL bei Konzentrationen von weniger als 1000 Kernen im ccm entgegen der sonst im Mittel bestehenden Verteilung der Kerne feststellen, daß alle Kerne geladen waren. ISRAËL [5] zweifelt allerdings an der Realität dieser letzteren Beobachtung wie überhaupt an der Zunahme des Anteils geladener Kerne bei Abnahme der Gesamtkernzahl, weil er glaubt, daß das Vorhandensein *mehrfach geladener* Ionen die im Ionenzähler gemessene Ionenzahl fälschlich erhöhe, besonders bei kleinen Gesamtzahlen (S. 34). KÄHLER [4] konnte aber auf Grund von luftelektrischen Messungen, die er während des internationalen Polarjahres 1932/33 am Meteorologischen Observatorium Potsdam des Reichsamts für Wetterdienst ausführte, nachweisen, daß die Zunahme des Anteils ungeladener Kerne bei steigender Kernzahl durchaus reell ist. Seine Ergebnisse sind in Tabelle 2 zusammengestellt; sie sind mit Hilfe des großen SCHOLZschen Kernzählers gewonnen, bei dem für

Tabelle 2. Das Verhältnis N_0/N_g in Abhängigkeit von der Gesamtkernzahl nach Messungen in Potsdam, internat. Polarjahr 1932/33. (Nach KÄHLER [4].)

N	N_0/N_g	Zahl der Messungen
<5000	1,23	14
5000—10000	1,32	39
10000—20000	1,58	73
20000—30000	1,29	37
30000—40000	1,83	23
>40000	1,42	15

die Bestimmung der Gesamtkernzahl und die Zahl der ungeladenen Kerne die Frage nach einer möglichen Mehrfachladung der geladenen Kerne natürlich gegenstandslos ist (S. 14). Wie man aber aus der Tabelle 2 erkennt, besteht tatsächlich eine allgemeine Tendenz nach Zunahme des Anteils ungeladener Kerne bei wachsender Kernzahl. Ebenso konnte KÄHLER in der genannten Arbeit auch nachweisen, daß die Abnahme des Verhältnisses N_0/N_g bei zunehmender relativer Feuchtigkeit, die auch schon von ISRAËL [5] bei Messungen in Frankfurt festgestellt, aber aus den gleichen Gründen in ihrem Ausmaß angezweifelt wurde, der Wirklichkeit entspricht.

Jedenfalls gibt uns das Verhältnis N_0/N_g interessante Einblicke in die qualitative Zusammensetzung der Gesamtheit aller vorhandenen Kondensationskerne. In welcher Weise der wechselnde Anteil ungeladener Kerne an der Gesamtkernzahl zusammenhängt mit anderen Fragen qualitativer Art, z. B. dem Verlauf des Kondensationsspektrums oder dem Anteil hygroskopischer Kerne an der Gesamtkernzahl, kann beim gegenwärtigen Stand unserer Untersuchungsmethoden noch nicht entschieden werden. Hier dürfte sich ein lohnendes Betätigungsfeld für weitere Forschungen eröffnen, die uns mehr über die Natur der Kondensationskerne unterrichten und von den bisherigen, fast rein quantitativen Betrachtungen weiterführen müssen.

Wie schon mehrfach erwähnt, besteht auch zwischen der *Radioaktivität* und den luftelektrischen Erscheinungen, nicht zuletzt auch den Kondensationskernen, ein Zusammenhang. Jeder radioaktive Vorgang ist mit einer Produktion von Ionen verbunden, die die Ionisation der umgebenden Luft und damit ihr ganzes elektrisches Verhalten ändern. Schon MME. CURIE vermutete darüber hinaus, daß die Zerfallsprodukte als Kondensationskerne wirken. ISRAËL [6] machte die bemerkenswerte Entdeckung, daß die ursprünglich gasförmig in den Untersuchungsraum gebrachte Radiumemanation (RaEm) an den vorhandenen Kernen merklich adsorbiert wurde und bei Filterung der Luft dann zum größeren Teil zurückbehalten werden konnte. ISRAËL schloß daraus, daß die Verteilung der Kerne in der Atmosphäre eine entscheidende Rolle spielt für den Gehalt an RaEm, weil man mit Sicherheit annehmen könne, daß die Emanation nicht frei, sondern an Kerne gebunden sei. Aus dieser These ISRAËLS entstand eine scharfe Kontroverse. ALIVERTI und ROSA sowie ROSA bestritten die Möglichkeit einer Adsorption der RaEm an Kernen; in letzterer Arbeit wird sogar scharf formuliert, „daß die Radiumemanation nie an atmosphärische Staubteilchen gebunden ist“. Hingegen beobachtet MACEK [1, 2] ebenfalls einen Sorptionseffekt bei großer Kernzahl, den er weniger mit *Ad*sorption als mit *Ab*sorption in Verbindung bringt. ISRAËL-KÖHLER [7] gibt in seiner letzten Arbeit zu, daß sich die Sorptionserscheinung in der freien Atmosphäre vielleicht weniger bemerkbar machen kann als bei Laboratoriumsversuchen, weist aber die extreme Stellungnahme ROSAS als unzutreffend zurück. LANDSBERG [6] betont, daß bei diesem Punkt in zukünftigen Untersuchungen ebenfalls mehr auf die qualitative Beschaffenheit und Zusammensetzung des Kern-Aerosols Rücksicht genommen werden muß.

Unter den Ionisatoren wurde S. 32 bereits auch die *ultraviolette Strahlung* erwähnt. WILSON (nach WEGENER und WEGENER, S. 38) entdeckte aber bereits, daß die UV.-Strahlung nicht nur Kleinionen, sondern auch Kondensationskerne besonders wirksamer Art erzeugt. Bestrahlt man Luft, die vorher durch Filterung von allen Kernen befreit wurde, mit ultraviolettem Licht, so tritt in dieser Luft schon lange vor Erreichung des Sättigungspunktes, im extremen Fall sogar schon bei 40% relativer Feuchtigkeit, Kondensation ein. Man führt diese Erscheinung auf die Bildung von H_2O_2-Molekülen unter der Einwirkung der UV.-Strahlung zurück; diese Moleküle, die nur einen Bestand von wenigen Minuten haben, scheinen während dieser Zeit stark hygroskopische Eigenschaften zu entwickeln. Von Wichtigkeit für medizinische Fragen ist in diesem Zusammenhang, daß AMELUNG und LANDSBERG beim Betrieb einer künstlichen UV.-Lichtquelle (Quarzlampe) in einem gelüfteten Zimmer den 22fachen Betrag der Kernzahl feststellten als in der Außenluft. Für die Meteorologie ist die kernerzeugende Wirkung der UV.-Strahlung ebenfalls von Bedeutung, da man wegen der bekannten Zunahme der UV.-Strahlung mit der Höhe annehmen muß, daß auch in hohen Atmosphärenschichten Kondensationskerne vorhanden sind, die dann allerdings anderer Natur sind als die Kerne in der Troposphäre und auch nicht in Tätigkeit treten können, da kein Wasserdampf mehr zur Kondensation vorhanden ist.

Mit der Erzeugung von Kondensationskernen durch die UV.-Strahlung ist die Wechselwirkung zwischen beiden Erscheinungen noch nicht erschöpft. Der Kerngehalt der Luft wirkt, besonders in der größeren Konzentration bewohnter Gegenden, absorbierend auf die von der Sonne kommende UV.-Strahlung; das ist mit ein Grund für das an kurzwelliger Strahlung arme Strahlungsklima von Großstädten und Industriegegenden. Die Beziehung, daß bei weniger Kernen eine größere UV.-Intensität gemessen wird, konnte durch Meßreihen am State College, Pennsylvania (LANDSBERG [6]) bestätigt werden.

Zweiter Teil.

Klimatologie und Meteorologie der Kondensationskerne.

Von H. BURCKHARDT-Berlin und H. FLOHN-Bad Elster.

1. Mittlere Kernzahl an verschiedenen Meßorten.

Die meisten Angaben, die wir über die Kondensationskerne besitzen, sind Angaben über die Kernzahl, über den Kerngehalt der Luft. Dieses Material gestattet uns — nach zweckdienlicher Bearbeitung — Einblicke zu tun in wichtige Zusammenhänge und verwickelte meteorologische Vorgänge. Man muß jedoch mit großer Vorsicht zu Werke gehen; sowohl die Unsicherheit der Einzelwerte wie auch die große Zahl aller mitwirkenden Faktoren sind stets im Auge zu behalten.

Vergleicht man die Kernzahlen, die an verschiedenen Meßorten gewonnen wurden, miteinander, so kann man bald einen erheblichen Unterschied feststellen: Es gibt Orte mit durchschnittlich kleinen und solche mit großen Kernzahlen. Bereits im Ersten Teil war der tiefgreifende Unterschied zwischen den Kernzahlverhältnissen über Land und über der offenen See erwähnt worden. Ganz allgemein kann man sagen, daß die *durchschnittliche Kernzahl um so tiefer* liegt, *je weniger* und desto *schwächere Kernquellen in der Nähe des Meßortes* liegen. Weitaus am meisten ausschlaggebend sind hierbei als Kernquellen die Verbrennungsvorgänge.

In bezug auf ihre mittleren Kernzahlen und auf die Lage des Meßpunktes zu den hauptsächlichsten Kernquellen kann man für Messungen in der Außenluft (Zimmerluft s. S. 98) folgende 6 Kategorien von Meßorten unterscheiden: 1. *Meßpunkte innerhalb von menschlichen Siedlungen.* Hier werden die meisten Kernzahlen gemessen, besonders in Großstädten und Industriegebieten[1]. Die Kernzahlen bewegen sich in der Größenordnung von 10^4 bis 10^6. 2. *Meßpunkte im unbewohnten oder dünn besiedelten Binnenland.* Je nach der Lage und der Entfernung von größeren Siedlungen bewegt sich die Kernzahl in der Größenordnung von 10^3. 3. *Meßpunkte an der Küste und auf Inseln.* Es zeigt sich eine beträchtliche Abhängigkeit von See- und Landwind; der Seewind setzt das Mittel der Kernzahlen gegenüber Messungen im Binnenland stark herab; Größenordnung 10^2 bis 10^3. 4. *Berggipfel.* Die mittlere Kernzahl ist um so kleiner, je größer die Höhe des Berges ist; sie ist größer als die Kernzahlen gleicher Höhen in der freien Atmosphäre. Auch diese Meßpunkte sind durchaus nicht immer frei von Einwirkungen größerer menschlicher Siedlungen. Die Kernzahlen liegen im Bereich der Größenordnungen 10^1 bis 10^3. 5. *Messungen auf dem freien Ozean.* Die Kernzahlen sind durchschnittlich sehr niedrig (10^1 bis 10^2). 6. *Messungen in der freien Atmosphäre.* Die Kernzahlen nehmen mit zunehmender Höhe im allgemeinen ab (Abweichungen s. S. 50); die Meßpunkte in den höheren Schichten der freien Atmosphäre sind wohl diejenigen, die allein frei sind von unmittelbarer Einwirkung wesentlicher Kernquellen.

LANDSBERG [6] hat aus allen bisher veröffentlichten Arbeiten eine Zusammenstellung der verschiedenen Kategorien von Meßpunkten nach Mittel- und Extremwerten gebracht, die in der folgenden Tabelle 3 wiedergegeben ist.

Tabelle 3. Mittel- und Extremwerte des Kerngehaltes an verschiedenen Kategorien von Meßorten, auf Grund der bisher vorliegenden, vergleichbaren Veröffentlichungen. (Nach LANDSBERG [6].)

Meßort	Zahl der		Mittel	Mittleres		Absolutes	
	Orte	Beob.		Maximum	Minimum	Maximum	Minimum
Großstadt	28	2500	147000	379000	49100	4000000	3500
Stadt	15	4700	34300	114000	5900	400000	620
Binnenland	25	3500	9500	66500	1050	336000	180
Küste	21	2700	9500	33400	1560	150000	0
Berge: 500—1000	13	870	6000	36000	1390	155000	30
1000—2000	16	1000	2130	9830	450	37000	0
>2000	25	190	950	5300	160	27000	6
Inseln	7	480	9200	43600	460	109000	80
Ozean	21	600	940	4680	840	39800	2

Man sieht in dieser Tabelle im wesentlichen die Einteilung in die obengenannten 6 Kategorien von Meßorten bestätigt. Auch die Extremwerte zeigen

[1] LETTAU [1] berechnete auf Grund von Austauschbetrachtungen und den Ergebnissen von Himmelsblauschätzungen in Königsberg die Größe der Kernproduktion eines Gebietes von 25 qkm mit mäßiger Industrialisierung; er kam zum Ergebnis, daß die Größenordnung der Kernproduktion je Arbeitstag (10 Arbeitsstunden) 10^{18} Kerne beträgt.

das gleiche Verhalten wie die Mittelwerte und passen sich gut in das allgemeine Bild ein. Das absolute Maximum aller vorliegenden Messungen in der Außenluft wurde von SCHMIDT in Wien beobachtet, während die das absolute Minimum darstellende Zahl 0, die immer mit einiger Vorsicht entgegenzunehmen ist, von mehreren Autoren angegeben wird: Von RANKIN bei Messungen auf dem Ben Nevis (Schottland), von BRAAK in Ardjoeno (Niederländisch-Indien), von KOPPE (nach WIGAND [3]) auf dem Ölberg in Palästina und von SCHOLZ [4] auf Franz-Josefs-Land. Diese Extremwerte wurden mit Ausnahme des letzten von SCHOLZ alle mit dem AITKENschen Apparate gemessen. Bei der Unzuverlässigkeit des AITKENschen Zählers im Bereich sehr großer und sehr kleiner Kernzahlen (S. 9) darf diesen Werten kein allzu großes Gewicht beigelegt werden[1].

Aus den Ergebnissen der Messungen, die an den Forschungsstellen des Reichsamts für Wetterdienst durchgeführt wurden, wurde die Tabelle 4 zusammengestellt. Sie enthält die Meßorte in der Reihenfolge der mittleren Kernzahlen. Von dieser Ordnung wurde nur bei den Ergebnissen von Warmbrunn und Schneekoppe abgegangen, weil die für diese Stationen vorliegenden, zeitlich voneinander getrennten Meßreihen im Zusammenhang gebracht werden sollten.

Tabelle 4. Mittlere, größte und kleinste Kernzahlen bei den Messungen an den Forschungsstellen des Reichsamts für Wetterdienst.

Meßort	Meereshöhe m	Meßdauer	Mittel	Maximum	Minim.
Marburg (Altstadt)	200	Sommer 1935	60000	—	—
Bad Tölz (Stadt)	655	8. 7. bis 29. 11. 37	38700	108000	1880
Oberstdorf	810	Dez. 36 bis Febr. 37	20400	53300	1200
Bad Salzuflen (Stadt)	95	3. 7. 36 bis 14. 7. 37	14040	35480	3280
Müncheberg/Mark	60	1. 7. bis 31. 12. 37	12520	50750	2270
St. Blasien	825	Nov. 36 bis April 38	10720	—	—
Wahnsdorf	245	April bis Sept. 37	8930	25300	600
Friedrichroda	450	1936, 1938	8830	73000	400
Braunlage	610	1934 bis 1938	8500	—	—
Warmbrunn	340	1. 5. bis 11. 11. 38	8120	32100	1200
Warmbrunn	340	10. 5. bis 1. 11. 37	7700	25700	1050
Bad Elster	500	1936 bis 1937	8000	—	—
Wyk auf Föhr	5	1. 10 bis 20. 11. 37	3000	16490	630
Kalmit	675	20. 12. 36 bis 25. 3. 37	2840	6750	600
Feldberg/Schw.	1495	2. 5. bis 1. 7. 37, 27. 9 bis 24. 11. 37	2360	7580	760
Schneekoppe	1605	8. 12. 36 bis 24. 3. 37	2510	6890	730
Schneekoppe	1605	13. 10. bis 29. 11. 37	1700	3240	770
Zugspitze	2960	Nov. 36 bis 31. 10. 37	390	1880	16

Ein Vergleich der Tabellen 3 und 4 zeigt, daß sich die Ergebnisse der neuen Untersuchungen recht gut in den Rahmen der bisher vorliegenden Arbeiten einordnen. Marburg, Bad Tölz, Oberstdorf und Bad Salzuflen sind etwa zur Kategorie der *Stadt* zu rechnen; bei Bad Tölz und Bad Salzuflen wurde hierbei von mehreren zur Verfügung stehenden Meßpunkten bewußt der Punkt gewählt, der am meisten unter dem Siedlungseinfluß steht (s. a. S. 43—45). Die nun folgenden Meßorte sind alle mehr oder weniger in die Kategorie des weniger

[1] LANDSBERG [6] veröffentlichte eine umfassende Zusammenstellung aller publizierten Meßergebnisse.

dicht besiedelten oder weniger industriereichen *Binnenlandes* einzureihen. Zwischen Bad Elster und Wyk auf Föhr ist eine große Kluft, die so recht deutlich den Unterschied zwischen dem Binnenland und der *Küste* bzw. den Inseln deutlich werden läßt. Dieser Unterschied ließ sich aus den Mittelwerten der Tabelle 3 nicht erkennen, nur in den mittleren Höchstwerten ist ein Sprung vorhanden. Die Mittelwerte für Küste und Inseln in Tabelle 3 dürften infolge einiger Arbeiten, deren Meßergebnisse vielleicht durch schlechte Versuchsbedingungen gefälscht waren, zu hoch liegen. Bei den *Bergstationen* ist in der Klasse 500—1000 m NN nur die Kalmit vorhanden, deren Mittelwert und mittlere Extreme weit unter den Werten der Tabelle 3 liegen. In der Höhenstufe 1000—2000 m sind Feldberg im Schwarzwald und Schneekoppe vertreten, die sich nicht sehr wesentlich voneinander unterscheiden; ihr Mittelwert stimmt auch etwa mit dem der Tabelle 3 überein, ihr absolutes Maximum liegt jedoch beträchtlich unter dem mittleren Maximum der Tabelle 3. Mit weitem Abstand folgt dann die *Zugspitze*, die wohl von allen bisher vorliegenden *längeren* Meßreihen *das niedrigste Mittel der Kernzahl* aufweist.

In bezug auf die Höchstwerte fällt ganz allgemein auf, daß die absoluten Maxima der neuen Ergebnisse ganz erheblich unter den mittleren Maxima der bisherigen liegen. Es ist dies einerseits ein Beweis dafür, daß bei den Messungen an den Forschungsstellen des Reichsamts für Wetterdienst mit Sorgfalt Fälschungen durch nahegelegene Kernquellen (Kamine usw.) vermieden wurden, und daß andererseits der Scholzsche Kernzähler, mit dem alle neuen Messungen ausgeführt wurden, bei großen Zahlen zuverlässiger und genauer arbeitet als das ältere Modell von Aitken, das der weitaus größten Zahl der alten Arbeiten zugrunde liegt. Es ist zwar einleuchtend, daß der Unterschied zwischen den Extremwerten und dem Mittelwert um so größer wird, je länger die Beobachtungsreihe ist, weil dann die Wahrscheinlichkeit für das Auftreten extremer Verhältnisse größer ist; doch sind die Meßreihen der Tabelle 4 durchaus vergleichbar mit dem Durchschnitt der bisher erschienenen Arbeiten, in der Mehrzahl der Fälle dürften sie sogar umfangreicher sein.

Im allgemeinen muß in bezug auf die Werte der Tabelle 4 davor gewarnt werden, sie als charakteristische Mittelwerte für die betreffenden Stationen im Sinne der strengen Klimatologie aufzufassen. Das ist besonders für die Messungen in Siedlungen schon deshalb nicht angängig, weil die lokale Variation der Kernzahl — wie im Abschnitt 2 gezeigt werden wird — innerhalb einer Siedlung größer ist als der Unterschied gegenüber dem Mittelwert einer anderen Siedlung; um bei Vorhandensein mehrerer Meßpunkte daher stets nach dem gleichen Auswahlprinzip zu verfahren, wurde — wie schon erwähnt — in die Tabelle 4 stets das Ergebnis des Meßpunktes mit dem größten Siedlungseinfluß aufgenommen. Ganz abgesehen von diesen Gesichtspunkten sind die Werte der Tabelle 4 im streng klimatologischen Sinne nicht verwendbar, weil die Meßreihen für die Bildung zuverlässiger Mittelwerte trotz ihres Umfangs im Verhältnis zu den bisher bekannten Arbeiten noch viel zu kurz sind. Sie wären zu kurz für verlässige Mittelwerte eines beliebigen anderen meteorologischen Elementes, wie z. B. der Temperatur, sie sind es in noch viel höherem Maße für eine Größe mit derart großer *Streuung*, wie sie die Kernzahl darstellt. Es darf ferner nicht übersehen werden, daß die Messungen zu verschiedenen Tages- und

Jahreszeiten gemacht wurden, daß also der Tages- und Jahresgang des meteorologischen Elementes „Kernzahl“ noch nicht eliminiert ist. Diesen Ansprüchen kann erst dann nachgekommen werden, wenn einmal eine längere Beobachtungsreihe der nun auf 11 Uhr Ortszeit festgesetzten täglichen Kernzahlbestimmungen vorliegt (S. 4). Ein sehr wesentlicher Unsicherheitsfaktor, der die Ergebnisse älterer Arbeiten streng genommen unvergleichbar machte, ist jedoch bei den Messungen an den Dienststellen des Reichsamts für Wetterdienst größerenteils ausgeschaltet: Der Einfluß der Instrumentenfehler. Die verschiedene Einstellung zur Frage der Nachzügler, die Verschiedenheit der Instrumententypen und die zum Teil unberücksichtigt gebliebenen Fehler bei der Anbringung der Verdünnungsmarken am Aitkenschen Gerät gebieten größte Vorsicht beim Vergleich älterer Arbeiten. Bei den neuen, hier zu Bericht stehenden Messungen wurde jedoch ein einheitliches Meßgerät nach einheitlichen Bedienungsvorschriften verwendet. Von der noch verbleibenden Unsicherheit in bezug auf den Einfluß der Ausgangswerte von Temperatur und Druck, der Mischdauer und der Dilatationsgeschwindigkeit konnte im Ersten Teil gezeigt werden, daß die Größe des Meßfehlers mit beträchtlicher Wahrscheinlichkeit nicht die durch den Einfluß des Zufalls und der Kernböigkeit ohnehin bestehende Fehlergrenze überschreitet.

Sind schon die Werte der Tabelle 4 im streng klimatologischen Sinne nicht als repräsentativ zu betrachten, so ist weiterhin darauf zu verweisen, daß die moderne Klimatologie von einer einseitigen Betonung der Mittel- und Extremwerte abgekommen ist, da dieses starre Schema Einzelheiten verwischt, die für die Klimabeschreibung von großer Wichtigkeit sind. Es müssen zu ihrer Ergänzung hinzukommen Betrachtungen über die Häufigkeit verschiedener Größenstufen, Ordnung des Beobachtungsmaterials nach Größenstufen mitwirkender Faktoren und nach Klassen umfassenderer, komplexer Größen (Luftkörper und -massen), Untersuchungen über Änderung des Elements mit der Wahl des Meßortes und nicht zuletzt Betrachtungen lehrreicher Einzelfälle. Von diesen Gesichtspunkten wird denn auch in der Folge ausgiebig Gebrauch gemacht werden — um so mehr, als mit ihrer Hilfe auch ein weniger umfangreiches Beobachtungsmaterial zu einem hinreichend umfassenden Gesamtbild ausgewertet werden kann.

2. Lokalklimatologische Zusammenhänge.

Nach dem bisher Dargelegten ist die *Zahl der Kondensationskerne* vermöge des *anthropogenen Ursprungs der Mehrzahl der Kerne* und der damit zusammenhängenden, bereits erwiesenen Anreicherung der Luft mit Kernen in der Nähe menschlicher Siedlungen und industrieller Anlagen *ein Maß für die Verunreinigung der Luft* überhaupt. Die Bedeutung der Kernzahlmessungen für bioklimatische und hygienische Fragen wird im 5. Abschnitt des Dritten Teiles, S. 95, gewürdigt werden. Hier sollen vor allem die meteorologischen, lokalklimatologischen Grundlagen für die Beurteilung des Wertes von Kernzahlmessungen für die genannten Fragen geboten werden.

Zunächst ist die Frage von Wichtigkeit, wie sich innerhalb von Siedlungen der Kernreichtum der Luft ändert und wie weit sich der Einfluß der Kernerzeugung auf die Umgebung erstreckt. Im Schrifttum finden sich über dieses Problem eine ganze Reihe von Angaben, die im folgenden kurz aufgezählt seien.

Der erste, der sich mit diesen Fragen eingehender beschäftigte, war GEMÜND [1, 2], der schon 1907 in seinen Arbeiten die Luftverunreinigung in Städten mit Hilfe des AITKENschen Kernzählers untersuchte. Er stellte folgende Kernzahlen fest: In Hamburg im Hafen 140000, im Hof des Rathauses 80000 und in Vorstädten 16000; in Kiel im Stadtzentrum 80000 und etwa 2 km abseits der Stadt 10000; in Aachen ergab sich für Stadtzentrum und Außenbezirk eine Abnahme von 160000 auf 30000; in Wiesbaden wurden im Geschäftszentrum 100000 Kerne gezählt, während in einem eng benachbarten Park nur 35000 und an der Stadtgrenze 10000 festgestellt wurden. SARNETZKY fand im sehr industriereichen Essen nur eine Abnahme von 207000 auf 51000; LANDSBERG [6] erklärt den geringeren Umfang der Abnahme durch die Tatsache, daß die industriellen Anlagen sich näher bei den Vororten als beim Stadtzentrum befinden. Die Änderung der Kernzahl vom Stadtkern zur Umgebung wurde ferner gemessen in Innsbruck von GINER und HESS mit dem Ergebnis 36800 zu 12000, im industriearmen Königsberg von WOLODARSKI mit 8000 zu 3000 und in München von ILZHÖFER und GIESE, die vom Bahnhofsvorplatz bis zur Vorstadt Nymphenburg eine Abnahme von 275000 auf 76000 Kernen feststellten. Die letztere Arbeit ergab übrigens auch, daß seit Messungen von EMMERICH im Jahre 1908 die Kernzahl in München bis zum Jahre 1935 um rund 80% gestiegen ist — eine eindrückliche Illustration der zunehmenden Kernerzeugung durch Vermehrung der Industrie und des Kraftverkehrs. Streng gleichzeitige Messungen an verschiedenen Meßpunkten, die ebenfalls den Stadteinfluß zeigen, wurden von LUDWIG in Frankfurt am Main durchgeführt; er beobachtete die Kernzahl an dem alten, nahe (2 km) bei der Stadt gelegenen Flughafen „Rebstock“ und auf dem neuen Flughafen „Rhein-Main“, der von der Stadt 5 km und vom anderen Flugplatz 8 km weit entfernt ist. Die Häufigkeitsverteilung seiner Beobachtungen ist aus Tabelle 5 zu ersehen. Nach seiner Schätzung verhalten sich die Kernzahlen von Stadt, Flugplatz Rebstock und Flughafen Rhein-Main wie 4 : 2 : 1.

Tabelle 5. Häufigkeit verschiedener Größenstufen der Kernzahl an den beiden Flughäfen von Frankfurt am Main. (Nach LUDWIG.)

Größenstufen der Kernzahl	Rebstock %	Rhein-Main %
0— 5000	1	16
5000—10000	6	52
10000—15000	12	20
15000—30000	51	10
> 30000	30	2

Aus Messungen, die von MACK in Zusammenhang mit der Kurortklimakreisstelle Hessen-Waldeck in Marburg ausgeführt wurden, ergibt sich ein Ost-West-Querschnitt durch das Lahntal und die Stadt Marburg, dessen einzelne Mittelwerte in Tabelle 6 zusammengestellt sind. Außer diesen Werten wurde in einem in der Nähe von Marburg gelegenen Sanatorium der Kerngehalt der Außenluft zu durchschnittlich 9500 Kernen/ccm bestimmt.

Tabelle 6. Mittelwerte der Kernzahl bei einem Ost-West-Querschnitt durch das Lahntal bei Marburg. (Nach MACK.)

Meßpunkt	Höhe m NN	Kernzahl
Spiegelslust	370	16900
Kurviertel	200	24000
Lahntal	180	31700
Altstadt	200	60000
Schloß	250	36600

Die an der Kurortklimakreisstelle Weserbergland in Bad Salzuflen (Meteorologin Dr. Schwantes) ausgeführten Messungen ergeben mit ihren 9 Meßpunkten

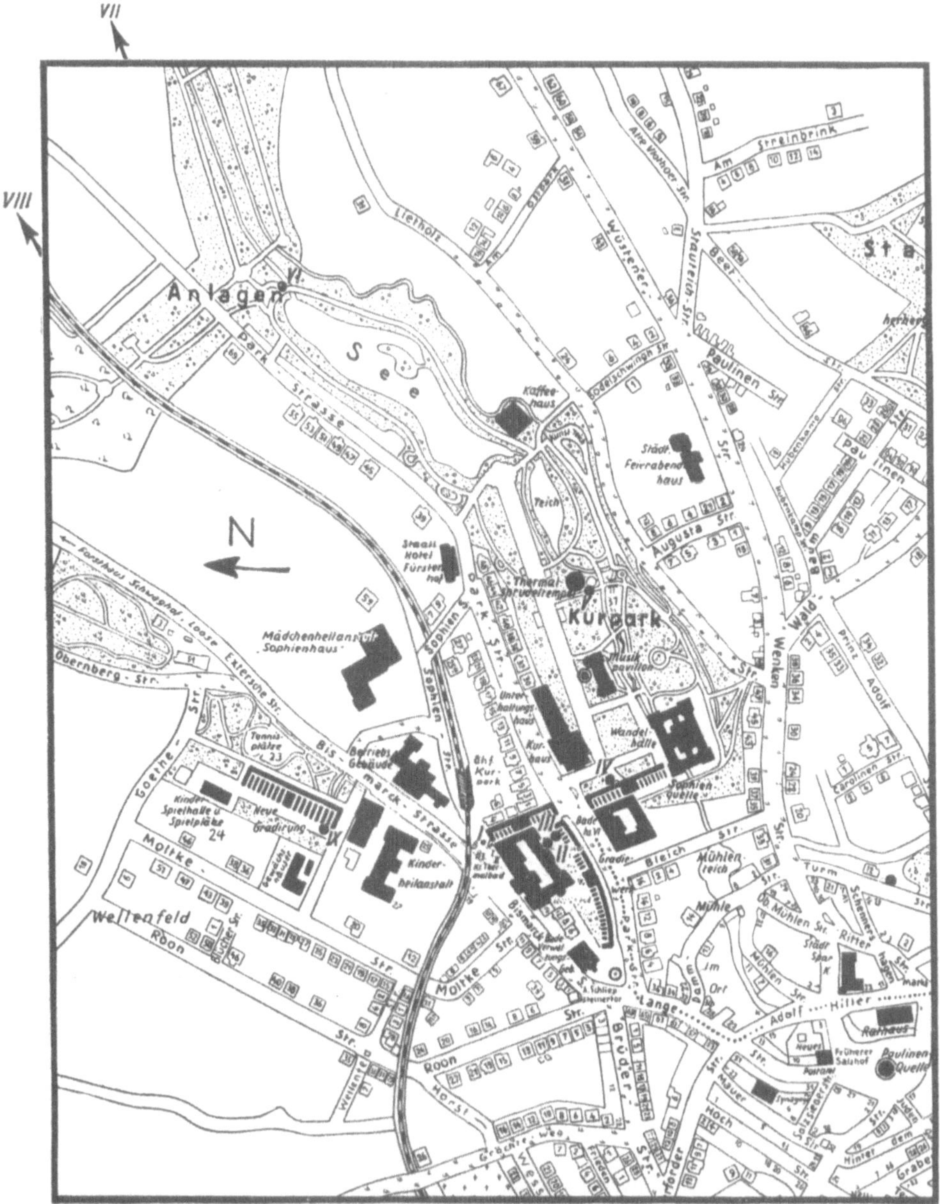

Abb. 8. Lage der Meßpunkte in Bad Salzuflen.

und umfangreichen Meßreihen gute Anhaltspunkte für lokalklimatologische Zusammenhänge. Die Lage der Meßpunkte ist aus Abb. 8 zu erkennen; sie sind unter dem Gesichtspunkt ausgewählt worden, möglichst repräsentative Stellen im Kurviertel herauszufinden, an denen die Kurgäste sich in der Regel bei gutem

Wetter aufzuhalten pflegen. Meßstelle I lag unmittelbar an einer ziemlich verkehrsreichen Straße und kann als Anhaltspunkt für die Verhältnisse in der eigentlichen Stadt Salzuflen dienen. Die Meßstellen II, III, IV und IX befanden sich in unmittelbarer Nähe von Gradierwerken, der Meßpunkt V mitten im Kurpark, 220 m vom nächstgelegenen Gradierwerk entfernt, während die Punkte VI, VII und VIII sich zwar noch innerhalb der Kuranlagen befanden, vom nächstgelegenen Gradierwerk jedoch schon 720 bis 1240 m entfernt. Die Mittelwerte der Messungen, geordnet nach Meßstellen und Monaten bzw. Jahreszeiten, sind in Tabelle 7 zusammengestellt. Man sieht, daß im allgemeinen, abgesehen von

Tabelle 7. Mittlere Kernzahlen der Messungen in Bad Salzuflen, geordnet nach Monats- und Jahreszeit-Mitteln.

Meßstelle	I	II	III	IV	V	VI	VII	VIII	IX
1936 Juli . . .	11470	7740	8980						
August . .	14180	10800	11830		10840				
September.	10550	9400	10020		7300				
Oktober .	12260	9860	11940		8840				
November.	18180	16090	17380	15150	12720	10080	7090		
Dezember .	15310	13780	14930	14090	14220	11230	9580	11260	
1937 Januar . .	13360	17160	18320	16360	16240	11140	10940	13410	17500
Februar. .	7800	6630	7050	8170	5660	3890	3690	4500	6610
März . . .	17530	14440	15420	15860	13060	10480	9370	13630	15040
April . . .	16920	17480	18830	17450	14820	11550	11280	13340	15030
Mai . . .	17060	19320	20630	18930	14710	12660	11060	12990	17970
Juni . . .	18680	16390	19410	18440	13310	11910	9860	11540	16620
Juli . . .	13050	11660	11910	12430	10610	9520	7860	8420	13400
Gesamt	14040	12700	14010	16190	11540	10900	9530	11900	15340
Zahl der Fälle . .	166	181	180	91	148	87	84	73	63
Sommer	13730	10540	11940		11670				
Zahl der Fälle. .	54	56	55		25				
Herbst.	12630	11140	12470		9180				
Zahl der Fälle. .	60	64	64		62				
Winter.	11360	12670	13610	13200	12410	8900	8330	10030	
Zahl der Fälle. .	10	17	17	18	17	16	17	17	
Frühling	17080	17720	18980	17800	14450	11860	10860	13230	16460
Zahl der Fälle. .	42	44	44	44	44	43	41	42	40

zeitlichen Schwankungen, die Meßpunkte V, VI, VII und VIII, die am meisten dem Siedlungseinfluß entzogen und der besseren Ventilation vermöge des Einflusses der Kuranlagen teilhaftig sind, die kleinsten Kernzahlen aufweisen. Daß die Erklärung des Kernreichtums der anderen Meßpunkte durch den Einfluß der Gradierwerke nicht überzeugend ist, wurde bereits (S. 28) dargelegt.

Weitere lokalklimatologische Untersuchungen des Kerngehalts der Luft wurden an der Kurortklimakreisstelle Oberbayern in Bad Tölz (Meteorologe Brandtner) durchgeführt. Meßpunkte waren am Rande des Kurparks im „Badeteil" der Stadt, 200 m östlich davon beim Verkehrsgebäude, in der Marktstraße — dem Zentrum des eng bebauten „Stadtteils" — ferner auf dem Gipfel des Kalvarienberges, der sich im Norden der Stadt in einer Entfernung von 400 m vom Stadtzentrum in einer relativen Höhe von 35 m erhebt, und schließlich in halber Höhe des Kalvarienberges, dem sog. Ölberg, 20 m von den Häusern der

Stadt entfernt, gelegen. Diese 5 Meßpunkte liegen jeweils etwa 500 bis 1000 m voneinander entfernt. Tabelle 8 enthält die Mittelwerte dieser Meßpunkte, getrennt nach den Messungen im Sommer und Herbst 1937. Den größten Kerngehalt hat die Luft erwartungsgemäß in der Marktstraße, wo auch der gesamte Kraftverkehr vorübergeht, den kleinsten auf dem Kalvarienberg, wenn auch

Tabelle 8. Mittelwerte der Messungen in Bad Tölz 1937.

Meßpunkt	Messungen im Sommer		Messungen im Herbst	
	Mittel	Anzahl	Mittel	Anzahl
Kurpark	28860	48	—	—
Verkehrsgebäude	31850	49	27050	45
Marktstraße	43590	50	33140	44
Ölberg	25120	25	18740	42
Kalvarienberg (Gipfel)	18840	39	13970	42

dieser Meßpunkt ebenfalls noch nicht als ungestört zu bezeichnen ist. Interessant ist die Abnahme der Kernzahl vom Sommer zum Herbst, die gegen alle Erwartung, trotz der Zunahme der Verbrennungsprodukte infolge häuslicher Heizung erfolgt. Es dürfte auch hierin eine Bestätigung für die starke Bedeutung des Kraftverkehrs für die Kernerzeugung erblickt werden, die noch durch die Tatsache gestärkt wird, daß der kräftigste Rückgang der Kernzahl in der Marktstraße zu verzeichnen ist.

Sowohl aus den schon im Schrifttum vorhandenen Arbeiten wie auch aus den neuen Ergebnissen, über die im vorstehenden berichtet wurde, ergibt sich, daß *die Kernzahl vom geschlossenen Mittelteil einer Siedlung aus nach den Randbezirken zu erheblich*, oft um eine ganze Zehnerpotenz, *zurückgeht.* Die Ursache ist einmal in der Tatsache zu suchen, daß sich die Kernquellen im Stadtzentrum konzentrieren. Dies reicht jedoch noch nicht völlig zur Erklärung aus, denn oft ist auch in den Außenbezirken noch viel Industrie vorhanden, und meistens weisen auch die Vororte noch beträchtlichen Kraftverkehr auf. Eine weitere Hauptursache dieser Erscheinung liegt vielmehr auch darin, daß die Durchlüftung in den weiträumiger gebauten Außenbezirken besser ist als in der oft eng bebauten Innenstadt. Diese Tatsache wird erhärtet durch die Beobachtung, daß eine größere Grünanlage merklich kernzahlmindernd wirkt, wie es an den Beispielen von Wiesbaden, Marburg, Bad Salzuflen und Bad Tölz offenkundig wird.

Die wichtige *Rolle der Ventilation für die Herabsetzung der Kernzahl* und der *hohe Kerngehalt stagnierender Luftmassen* ist auch schon anderwärts festgestellt worden. Besonders machen sich diese Umstände bemerkbar bei Orten, die in Tälern oder Talkesseln mit schwacher Luftbewegung liegen. Im Winter, wenn in kalten Nächten und an bedeckten Tagen keine Konvektion vorhanden ist, reichert sich die am Boden liegende Luft stark mit Kernen und gröberen Staubteilchen an; es ergeben sich dann selbst für Orte, deren Luft als besonders rein angesehen wird, erstaunlich hohe Kernzahlen. So konnte EGLOFF in Davos eine mittlere Kernzahl von 116300 beobachten, während auf einem Höhenweg, 600 m über dem Ort, nur 1700 Kerne gezählt wurden. Auf Grund dieser Ergebnisse vertrat EGLOFF die Meinung, daß die Kernzahl wohl keinen Anhaltspunkt für die Stärke der Luftverunreinigung liefere, „die wahrscheinlich nur geäußert wurde, um nicht den Ruf eines wohlbekannten Kurortes zu gefährden" (LANDS-

BERG [6]). Zu dieser Meinung ist zu sagen, daß die Kondensationskerne für sich allein wohl nicht das ganze Aerosol darstellen, daß aber ihre Anzahl bei dem in großen Zügen konformen Verhalten von Staub- und Kerngehalt (S. 83) ein wichtiges Maß für die Gesamtverunreinigung ist. Es wäre vielmehr auf Grund dieser Erkenntnisse zu fordern, daß künftighin neue Heilstätten nicht mehr auf Talsohlen angelegt werden, sondern an den Hängen des Tales, und daß die günstigste Höhe, bis zu der die stagnierende Talluft nicht mehr heraufreicht, vorher durch Kern- und Staubgehaltsmessungen ermittelt wird.

Auch die Messungen an den Dienststellen des Reichsamts für Wetterdienst ergaben an einigen Plätzen die *starke Erhöhung des Kerngehalts in Tallagen*. Hierher gehören neben Marburg das schon besprochene Bad Tölz und Oberstdorf. Durch die genannte Tatsache wie auch durch die Art der Auswahl des angezogenen Meßpunktes ist die an sich auffallende Tatsache zu erklären, daß diese, als Kurorte bekannten Städte mit in erster Reihe in bezug auf den mittleren Kerngehalt des gewählten Meßpunktes marschieren. Damit ist noch kein Werturteil über die klimatische Wirksamkeit des betreffenden Kurortes gesprochen, denn es können die eigentlichen Heilstätten durch höhere Lage oder durch ausgedehnte Grünanlagen sehr wohl ein ganz anderes „Aerosol-Klima" haben.

An der Kurortklimakreisstelle Allgäu in Oberstdorf (Meteorologe Dipl.-Ing. OBENLAND) wurden an einigen Tagen Vergleichsmessungen durchgeführt, die ebenfalls die starke Abnahme der Kernzahl bei Erhebung über die Talsohle ergeben:

1. Messung: 13. 12. 36, Strahlungstag, stärkere Ci-Bewölkung, Sicht klar, Rauchschleier über Tal:
   Oberstdorf (Vergleichsmessung) . . . . 9 Uhr: N = 33300
   Schönblick bei Oberstdorf (1400 m) . . . . 13 Uhr: N = 2300
   Oberstdorf . . . . 15 Uhr: N = 21800
2. Messung: 22. 12. 36, Schönwettertag, fast wolkenlos, Sicht klar, Dunst im Tal:
   Hindelang (Vergleichsmessung) . . . . 10 Uhr: N = 20100
   Oberjoch (1136 m) . . . . 15 Uhr: N = 3500
   Hindelang. 16 Uhr: N = 15700
3. Messung: 28. 12. 36, Schönwettertag, wolkenlos, Sicht klar:
   Oberstdorf (Vergleichsmessung) . . . . 14 Uhr: N = 24300
   Schwand (963 m) . . . . 17 Uhr: N = 3600
   Oberstdorf . . . . 22 Uhr: N = 17400
4. Messung: 30. 12. 36, Ac-Bewölkung, zeitweise aufheiternd, Sicht klar:
   Seealpe (1282 m) . . . . 12 Uhr: N = 1500
   Oberstdorf (Vergleichsmessung) . . . . 22 Uhr: N = 4800

Die Ergebnisse zeigen, besonders die Messung 3, daß eine Erhebung von nur 150 m über die Talsohle bei entsprechender Wetterlage eine Verminderung des Kerngehalts auf fast den 10. Teil mit sich bringt. Solche Ergebnisse sollten bei der Beratung für die Neuanlage von Heilstätten, Kurparks usw. erhöhte Beachtung finden.

Über die weiteren Zusammenhänge zwischen der Kernzahl und der Windstärke, besonders auch über die Schwellenwerte, die für eine ausreichende Ventilation notwendig sind, ferner zwischen der Kernzahl und der Windrichtung, die für einen festen Meßpunkt ein interessantes Gegenstück zur Änderung der Kernzahl von einem Meßpunkt zum anderen darstellt, wird im Abschnitt 5 dieses Teiles berichtet werden. Hier sei zum Abschluß der lokalklimatologischen Fragen noch auf ein wichtiges methodisches Hilfsmittel bei der Untersuchung von lokalen Verschiedenheiten kurz eingegangen: Die Anfertigung von *Meßprofilen mit Hilfe des Kraftwagens.* Diese Methode ist bei der Erforschung der Temperaturverteilung schon oft mit Erfolg angewandt worden; bei der Untersuchung der Kernverteilung sind bis jetzt nur wenig Fälle bekannt. Es ist natürlich bei Kernmessungen mit viel größerer Vorsicht zu verfahren, da die Kernzahlen durch die Auspuffgase des Kraftwagens leicht erheblich gefälscht werden können. AMELUNG und LANDSBERG berichten über 4 Meßfahrten, die sie mit dem Kraftwagen zwischen Frankfurt am Main und dem Feldberg im Taunus unternahmen, wobei an 8 Stellen bei der Auf- und der Abfahrt Messungen durchgeführt wurden. Es wurden bewußt solche Tage gewählt, an denen der SW-Wind die industriellen Luftverunreinigungen von Frankfurt und Höchst zum Taunusabhang hintrieb. Auf dem Feldberg wurde nur der 10. Teil des Kerngehalts der Ausgangsstation gemessen; nach unten nahm der Kerngehalt langsam zu, bis er in den in 400 m Höhe liegenden Luftkurorten den 4. Teil erreicht hatte. Die Zunahme zum Höchstwert erfolgte dann am Steilhang des Sodener Berges sehr rasch. Eine weitere Meßfahrt wurde von den gleichen Autoren zu früher Morgenstunde an einem Berghang bei Königstein/Taunus ausgeführt. Die Kernzahl blieb sich auf weite Erstreckung am Hang entlang ziemlich gleich, nahm aber in den tiefer gelegenen Teilen der Stadt von 20000 auf 50000 zu; die Heilstätten lagen noch in der kernärmeren Luft. LANDSBERG [6] berichtet über eine Meßfahrt im Alleghanygebirge, die besonders der Untersuchung von Inversionen galt. FLACH führte Meßfahrten im Vogtland und Erzgebirge aus, die besonders den Einfluß des Geländeprofils und die Filterwirkung des Waldes erkennen lassen; der Autor wird selbst darüber im Vierten Teil, S. 111, berichten.

3. Abhängigkeit der Kernzahl von der Höhe.

Die *Zahl der Kondensationskerne* im ccm *nimmt mit zunehmender Meereshöhe ab.* Diese Tatsache ergibt sich auch aus der Tabelle 4 (S. 39), wenn man sich auf die letzten 5 Stationen, die Bergobservatorien, beschränkt. Die vorher aufgezählten Beobachtungsorte lassen diesen Effekt nicht erkennen, weil die Größe des Siedlungseinflusses und der Ventilationsverhältnisse noch den Einfluß der Höhenlage stark in den Hintergrund drängt. An den Bergobservatorien jedoch ist der Siedlungseinfluß fast ganz ausgeschlossen und die Windgeschwindigkeiten sind im Durchschnitt sehr erheblich, so daß die dort erhaltenen Werte sowohl für Fragen großräumiger Verteilung als auch meteorologischer Zusammenhänge als repräsentativ angesehen werden können. Lediglich die Ergebnisse der Schneekoppe aus der ersten der beiden Meßperioden scheinen etwas zu hoch zu liegen, was unter Umständen doch auf einer Störung lokaler Art, etwa durch Heizungsabgase, beruhen könnte; andererseits sind gerade an der Schneekoppe beträchtliche Aufwinde vorhanden. Beachtenswert ist, worauf bereits hingewiesen wurde (S. 40), die verhältnismäßig geringe Kernzahl der Kalmit; diese Eigentümlichkeit scheint darin begründet zu sein, daß von den 5 Bergobservatorien die Kalmit am weitesten nach Westen vorgeschoben ist, so daß sie von den kernarmen maritimen Luftmassen am frühesten erreicht wird.

Im Schrifttum sind mehrere Untersuchungen enthalten, die die Frage der Höhenabhängigkeit der Kernzahl auf Grund von vergleichenden Messungen im

Gebirge behandeln. Eine dieser Arbeiten im Taunus wurde bereits erwähnt (S. 47); sie ergab für den Gipfel des Feldbergs nur den 10. Teil der Kernzahl, wie sie in Frankfurt und Höchst gemessen wurde. Als absoluten Wert der Kernzahl auf dem Feldberg ermittelte LANDSBERG [1] aus 700 Einzelmessungen im Winterhalbjahr 6210 Kerne/ccm. Bereits vor diesen Autoren hatte ISRAËL [2] bei Vergleichsmessungen zwischen Frankfurt und dem um 609 m höher gelegenen Feldberg im Taunus gefunden, daß die Kernzahl oben etwa den 10. Teil der Zahlen in Frankfurt beträgt (Frankfurt 50000, Feldberg 6100). Bei diesen letzteren Messungen ist zu beachten, daß die Werte bei einer sommerlichen Hochdruckwetterlage gewonnen wurden, und daß für Frankfurt über die Ergebnisse von 7 Tagen und für den Feldberg über die Ergebnisse der darauffolgenden 6 Tage gemittelt wurde. Bei diesen Messungen ergab sich ferner, daß die Zahl der Großionen bei dem genannten Höhenunterschied nur auf den 3. Teil zurückging. Daraus folgt, daß der prozentuale Anteil der ungeladenen Kerne an der Gesamtzahl mit zunehmender Höhe sinkt.

Aus Tirol liegen die ältesten Messungen vor von FICKER und DEFANT, die am Patscherkofel bei Neuschnee und störungsfreiem Wetter im Dezember eine mittlere Kernzahl von 265 feststellten. Im gleichen Gebiet beobachtete 26 Jahre später HESS [2] folgende Werte:

Lans (900 m)	3290
Heiligwasser (1240 m)	2800
Patscherkofel, Schutzhaus (2000 m)	1330
Patscherkofel, Gipfel (2248 m)	480
Hafelekar, Gipfel (2334 m)	690

Der Mittelwert von HESS für das Patscherkofelhaus ist zwar mit 1330 bedeutend höher als das Ergebnis von FICKER und DEFANT, doch hatten die letzteren bei Witterungsverhältnissen gemessen, die ungewöhnlich niedrige Kernzahlen mit sich bringen. Die Ergebnisse für das Hafelekar wurden von SCHACHL bestätigt. Er sowohl wie HESS geben den mittleren Kerngehalt der Luft auf einem freien Berggipfel von 2200—2300 m Höhe bei Tag und Schönwetter übereinstimmend mit 500—600 an. ISRAËL [4] konnte die Werte von HESS für Lans bestätigen; er erhielt in dem in der Nähe gelegenen Mutters (etwa 800 m) als Mittelwert von ungestörten, föhnfreien Tagen die Zahl 4500. Berücksichtigt man, daß HESS in seinen Mittelwert (3290) von Lans auch die Föhntage mit ihrer stark gesenkten Kernzahl (S. 65) einbezogen hatte, so ist die Übereinstimmung in der Tat sehr gut. Für das höher gelegene Badgastein (1000 m) ermittelte ISRAËL einen größeren Wert (10000—30000); die Erklärung für diesen scheinbaren Widerspruch ist offensichtlich in der stärkeren Rauchentwicklung und dem größeren Kraftverkehr des genannten Badeortes zu suchen.

Neben diesen Beobachtungen, die im Gebirge gewonnen wurden, sind vor allem die *unmittelbaren Messungen aus der freien Atmosphäre* für die Frage der Höhenabhängigkeit wichtig, wie sie bei *Freiballonaufstiegen* ausgeführt werden können. Die erste systematische Untersuchung des Kerngehalts höherer Luftschichten wurde mit Hilfe von 14 Freiballonaufstiegen von WIGAND [3] durchgeführt. Für Hochdruckwetterlagen stellte er aus den Mittelwerten dieser Aufstiege eine Kernverteilungsfunktion auf; danach nimmt die Kernzahl mit zunehmender Höhe logarithmisch ab. Seien N_1 und N_2 die Kernzahlen in den Höhen H_1 und H_2, dann gilt:

$$H_2 - H_1 = k \cdot (\log N_1 - \log N_2).$$

Die Konstante k hat nun nicht überall den gleichen Wert, sondern ändert ihn in 2 Höhen, in 1750 m und 3000 m Höhe (durchschnittlich) sprunghaft. Diese Höhen zeichnen sich erfahrungsgemäß auch dadurch aus, daß in ihnen oft Sperrschichten (Inversionen) liegen. Bei antizyklonalem Wetter nimmt also die Kernzahl nach oben logarithmisch ab; die Verteilungskurve weist 2 Knickstellen bei 1750 und 3000 m auf, oberhalb deren die Abnahme jeweils langsamer erfolgt als in dem darunterliegenden Teil der Kurve. Als Grund für die Abnahme der Kernzahl mit der Höhe überhaupt führt WIGAND 3 Punkte an: 1. Die Fallgeschwindigkeit der Kerne ist endlich, 2. die Fallgeschwindigkeit ist in dichterer Luft kleiner als in dünnerer, daher in den unteren Luftschichten Verzögerung des Falls und Anreicherung der Luft mit Kernen, und 3. die Herkunft der allermeisten Kerne aus den untersten Luftschichten. Nach den neueren Anschauungen, die vor allem von der ungeheuer kleinen Fallgeschwindigkeit (etwa 1 cm je Tag) der Kerne ausgehen, sind die beiden ersten Gründe am wenigsten ins Gewicht fallend. Hingegen dürfte die Ausstrahlung an der Kernoberfläche während der Nacht und die dadurch mittelbar hervorgerufene Abkühlung der Lufthaut um den Kern eine Rolle für das Absinken der Kerne spielen. Ganz allgemein kann man die Kerne als praktisch schwerelos ansehen. die nur den Luftströmungen folgen und daher ein ausgezeichnetes Mittel zur Untersuchung aller Austauschfragen darstellen.

Die Verteilungskurve von WIGAND galt nur für die mittlere Kernverteilung bei *Hochdruckwetter*. Bei *zyklonalem Wetter* sind die unteren Luftschichten kernärmer, da ein Teil der Kerne zur Kondensation verbraucht und ein weiterer Teil von den Niederschlägen ausgewaschen wird. Die höheren Luftschichten jedoch sind infolge der allgemein aufsteigenden Luftbewegung trotz der Wolkenbildung kernreicher. Unter Berücksichtigung dieser Tatsache konnte WIGAND auch zeigen, daß frühere, gelegentliche Kernzahlbestimmungen im Freiballon durch LÜDELING [1], LINKE [1] und WENDT (nach TETENS) sich qualitativ gut in sein Verteilungsschema einordneten.

Außer den genannten 14 Ballonfahrten von WIGAND liegen nur noch 14 weitere derartige, vergleichbare Messungen aus der freien Atmosphäre vor, die alle bei Ballonfahrten über Mitteleuropa gewonnen wurden. LANDSBERG [6] berechnete die Mittelwerte aller dieser Aufstiege für verschiedene Höhenstufen; das Ergebnis ist in Tabelle 9 zusammengefaßt. In ihr können nur die Werte über 1000 m als charakteristisch bezeichnet werden. Die darunterliegenden

Tabelle 9. Mittlere Kernzahl in verschiedenen Höhen der freien Atmosphäre (nach 28 verschiedenen Aufstiegen). (Nach LANDSBERG [6].)

Höhe	0—500	500—1000	1000—2000	2000—3000	3000—4000	4000—5000	>5000
Kernzahl . . .	22300	11000	2500	780	340	170	80

Höhenstufen sind wahrscheinlich durch industrielle Abgase gefälscht, da die Aufstiege immer in der Nähe von Industriezentren erfolgten. Die Werte der Tabelle 9 sind durchweg höher als die von WIGAND für Hochdruckwetter angegebenen Zahlen; diese Erhöhung läßt sich leicht erklären unter Berücksichtigung der Tatsache, daß ein Teil der übrigen Fahrten auch bei zyklonalem Wetter mit seinem größeren Kerngehalt in der Höhe ausgeführt wurde.

Außer diesen Mittelwerten ist — wegen des spärlichen Materials — über die Extremwerte der höheren Luftschichten, besonders über die Maximalwerte, nichts Positives auszusagen. In bezug auf die Minimalwerte kann man annehmen, daß die Zahl 0 sicherlich mehrfach und überall erreicht wird.

Als einzige *Messung aus der Stratosphäre* sind die Bestimmungen in 16000 m Höhe durch Gish und Sherman bei ihrer Fahrt mit dem „Explorer II" bekannt geworden, die beträchtliche Kernmengen ergaben. Inwieweit diese Messungen als ungestört und als Beweis für die zunehmende Ionisierung durch die zunehmende UV.-Strahlung gelten können, bleibt dahingestellt.

Bemerkenswert an den *Zahlen*, wie sie *an den Bergobservatorien* festgestellt wurden, ist, daß die Werte auch bei antizyklonalem Wetter meist *über den Zahlen der freien Atmosphäre* liegen. Darin kommt zum Ausdruck, daß an den Berggipfeln fast immer aufwärts gerichtete Windkomponenten vorhanden sind, die kernreichere Luft aus der Tiefe heraufführen.

Die wirkliche vertikale Kernverteilung weicht im Einzelfalle von der mittleren Verteilung, wie sie etwa in der Wigandschen Kurve niedergelegt ist, wesentlich ab, ebenso wie z. B. die tatsächliche Veränderung der Temperatur mit der Höhe im Einzelfall eine ganz andere ist, als man nach Mittelwerten erwarten könnte. Gerade das Verhalten der Temperatur gibt nicht nur eine Parallele, sondern auch den Hinweis auf die Ursache der Unregelmäßigkeiten in der Abnahme der Kernzahlen. Es ist bekannt, daß die allgemeine Temperaturabnahme mit zunehmender Erhebung über den Erdboden stellenweise aufhört und unter Umständen sogar einem vorübergehenden Temperaturanstieg bei weiterem Höhersteigen Platz macht. Diese Atmosphärenschicht mit abweichendem Verhalten der Temperatur wird als Umkehrschicht oder *Inversion* bezeichnet. Ihre untere Grenze gegen die Schicht mit normaler Temperaturabnahme machte sich den Ballonfahrern schon frühzeitig unangenehm bemerkbar; sie bremst als „Sperrschicht" den Aufstieg des Ballons ab und läßt sich nur durch erhöhte Ballastabgabe überwinden. Ebenso wie der Ballon wird auch die aufsteigende warme Luft an dieser Sperrschicht abgebremst, die Konvektion reicht demnach nur bis zu dieser Sperrschicht. Da gerade die Konvektion für den wesentlichsten Teil des Kerngehalts höherer Troposphärenschichten verantwortlich ist, muß man erwarten, daß an den Inversionen nicht nur eine Unstetigkeitsstelle für den Temperaturverlauf, sondern auch ein Sprung für die Kernzahlen besteht. Diese theoretische Vermutung wird durch die Praxis bestätigt.

Wigand selbst beobachtete diese Unstetigkeitsstellen in der Kernverteilung bei seinen verschiedenen Freiballonfahrten. Er stellte fest, daß es hauptsächlich die Obergrenze der Dunstschicht ist, die Dunstgrenze, an der auch ein Sprung im Verhalten der Kondensationskerne eintritt. Er teilte die Dunstgrenzen im Hinblick auf das Verhalten von Temperatur und Feuchtigkeit in 2 Klassen ein: „Eine schwache Dunstgrenze tritt in einer bestimmten Höhe auf, entweder 1. bei hoher, über der Dunstgrenze schnell abnehmender relativer Feuchtigkeit, verbunden mit kleiner Kernzahl ohne Maximum in und ohne Abnahme über der Dunstgrenze, während zuweilen verhältnismäßig tiefe Temperatur in der Dunstgrenze herrscht; oder 2. bei niedriger relativer Feuchtigkeit, verbunden mit großer, über der Dunstgrenze schnell abnehmender Kernzahl, während relativ hohe Temperatur in der Dunstgrenze herrscht." Die Erklärung WIGANDS für dieses verschiedenartige Verhalten geht ganz von der Annahme aus, daß es sich nur um hygroskopische Kerne handelt, deren Größe und damit auch ihre Fallgeschwindigkeit von der relativen Feuchtigkeit bestimmt wird. Im ersten Fall würde die hohe Feuchtigkeit große Kerne bedingen, die die Sicht stärker trüben, aber auch schneller ausfallen, weshalb ihre Zahl gering und ihre Verteilung ziemlich gleichmäßig ist. Im zweiten Fall wären hingegen nur kleine Kerne vorhanden, die sich wegen ihrer geringen Fallgeschwindigkeit ansammeln und vermöge ihrer Zahl sichttrübend wirken. Ganz abgesehen davon, daß diese Erklärung auch Widersprüche in sich birgt, entspricht sie in zwei wesentlichen Punkten nicht mehr unseren heutigen Kenntnissen: Einmal rechnet WIGAND mit Fallgeschwindigkeiten, die wesentlich zu groß sind; er rechnet mit Größenordnungen von 0,1 cm/min, während man heute die Größenordnung 1 cm/Tag ansetzt (ISRAËL [2]), d. h. die Kerne praktisch schwerelos und daher nur den Austauschvorgängen folgend ansieht. Zum anderen ist auch die Grundvoraussetzung WIGANDS, daß man es nur mit hygroskopischen Kernen zu tun hätte, heute nicht mehr anerkannt. Zu diesen mehr theoretischen Gegengründen treten auch Messungen, die das Gegenteil der WIGANDschen Einteilung darstellen. Verfasser hatte Gelegenheit, bei seinen Kernzahlmessungen auf der Kalmit (BURCKHARDT) eine Inversion zu untersuchen, die eine kalte Nebelluft in der Rheinebene gegen eine darüberlagernde, durch freien Föhn beträchtlich erwärmte Luftmasse abgrenzte. Die relative Feuchtigkeit sank vom Sättigungswert in der kalten Nebelluft auf 54% in 180 m Höhe über der Inversion, die Kernzahl sank auf dem gleichen Höhenunterschied von 4920 auf 1730. In der gleichen Weise werden sich relative Feuchtigkeit und Kernzahl ohne Zweifel an allen winterlichen Inversionen bei Hochdruckwetterlagen verhalten. Diese Fälle lassen sich jedoch nicht in das Schema von WIGAND einordnen, da sich die relative Feuchtigkeit nach der ersten Kategorie, die Kernzahl aber nach der zweiten verhält.

Weitere Messungen der Kernzahl an Inversionen stammen von SCHULZ [3], der bei lokalklimatischen Untersuchungen im Harz an der Talstation 78000, an der lediglich 20 m höher am Hang gelegenen Bioklimatischen Forschungsstelle nur 12000 Kerne zählte; von LANDSBERG [1], der bei Messungen am Taunusobservatorium 2 Fälle beobachten konnte, wo die Station unmittelbar an der Grenze einer scharfen Inversion lag, die beim Passieren der Stationshöhe die Kernzahlen von 2200 auf 100 bzw. von 4000 auf 300 über der Inversion springen ließ; von ISRAËL [1, 2], der bei einem Ballonaufstieg in 840 m Höhe 28400, in 870 m Höhe jedoch nur noch 800 Kerne im ccm feststellte. Auch die Beobachtungen von OBENLAND an der Kurortklimakreisstelle Oberstdorf (S. 46) sind auf das Vorhandensein einer Inversion im Tal zurückzuführen. Ganz allgemein wird bei einer Kaltluftinversion der Kerngehalt in der Bodenluftschicht infolge des Fehlens von Austauschvorgängen verhältnismäßig groß und die Kernverteilung bis zur Schichtgrenze ziemlich gleichmäßig sein; bei Beseitigung der Inversion — z. B. durch zunehmende Sonneneinstrahlung am Vormittag —

nimmt nicht nur die absolute Höhe des Kerngehaltes der Bodenluftschicht ab, sondern die Abnahme mit zunehmender Höhe wird innerhalb der vorher betrachteten Schichtdicke größer.

Bei einem Aufstieg in die höheren Luftschichten werden nicht nur eine, sondern meist mehrere Inversionen durchquert. So kann es vorkommen, daß man mehrere Schichten mit ganz verschiedenem Kerngehalt übereinander antrifft, ja es wurden sogar Fälle beobachtet, bei denen eine kernreichere Schicht zwischen zwei kernärmeren Schichten liegt.

Über das unterschiedliche Verhalten von Kern- und Staubzahlen (letztere gemessen mit dem Konimeter) berichten DÖRFFEL, LETTAU und RÖTSCHKE. Diese stellten bei wissenschaftlichen Ballonfahrten fest, daß bei der Durchquerung einer Inversion die Staubzahl auf unmeßbar kleine Werte absinkt, während die Kernzahl immerhin noch wesentlich von 0 verschieden ist. Für Untersuchungen, die sich auf den Austausch mit den bodennahen Luftschichten beziehen, scheint demnach das Konimeter etwas besser geeignet zu sein als der Kernzähler, da mit ersterem die Grenzen des Einflußbereiches einwandfrei erkennbar sind.

4. Täglicher und jährlicher Gang des Kerngehalts.

Der große Anteil, den die Verbrennungsprodukte am Kerngehalt der Luft haben, und die dadurch bedingten großen örtlichen Änderungen lassen von vornherein erwarten, daß die zeitlichen Schwankungen ebenfalls sehr verschiedenartig ablaufen. Tatsächlich vermittelt ein Überblick über die Beobachtungsergebnisse der Gemeinschaftsuntersuchung des Reichsamts für Wetterdienst wie des Schrifttums einen in seiner Vielfältigkeit verwirrenden Eindruck, der nur verständlich wird als Überlagerung von lokaler (großenteils anthropogener) Kernerzeugung und wetterbedingten Schwankungen.

Der *tägliche Gang der Produktion von Verbrennungskernen* führt allgemein vormittags mit Beginn der Heiztätigkeit zu einem raschen Anstieg, der bei steigendem Anteil industrieller Anlagen sich bis in die frühen Nachmittagsstunden fortsetzen kann. Gegen Abend sinkt (von besonderen Ausnahmen, wie etwa bei 24stündiger Arbeitszeit in der Großindustrie, abgesehen) die Kernproduktion mehr oder minder rasch zu dem nächtlichen Minimum ab. Während im Winter auch beim Fehlen von Industrie die Kernproduktion durch die Heizung anhält, gibt es im Sommer offenbar zwei Höhepunkte im Tagesverlauf, die durch die Bereitung der Mahlzeiten bedingt sind. Die Kernproduktion ist im Winter naturgemäß stärker als im Sommer, sie hängt aber auch z. B. in Kurorten von der Saison ab, worauf bei der Besprechung des Jahresganges noch hinzuweisen ist. Dieser Anteil der Produktion von Verbrennungskernen tritt im täglichen Gang der Kernzahl naturgemäß am stärksten auf in Großstädten sowie bei Luftstagnation. So wurde an der Kurortklimakreisstelle Allgäu in Oberstdorf (Meteorologe Dipl.-Ing. OBENLAND) im Winter regelmäßig ein Maximum in den Vormittagsstunden festgestellt, während die Kernzahl abends durch Verteilung auf ein größeres Gebiet abnahm. Entsprechend liegt auch in Bad Tölz (Meteorologe BRANDTNER) das Maximum an allen Meßstellen in den Vormittags- oder Mittagsstunden. W. SCHMIDT konnte am Stadtrand von Wien feststellen, daß an vier ungestörten Sommertagen das Maximum zwischen 11 und 12 Uhr lag, also zur Zeit der Bereitung der Mahlzeiten; die Kernzahl ging sodann bis 16 Uhr zurück, um erst abends wieder aus dem gleichen Grunde anzusteigen. Bei Winden aus dem Fabrikviertel ließ sich wegen der dort konstanten Kernproduktion kein derartiger Tagesgang auffinden. An der Kurortklimakreisstelle Marburg fand MACK an ungestörten Tagen ebenfalls einen einfachen Tagesgang mit Maximum gegen 14 Uhr und Minimum gegen 4 Uhr; die tägliche Schwankung, d. h. das Verhältnis zwischen Maximum und Minimum, betrug bei wolkenlosem Wetter fast 5 : 1, bei heiterem Wetter 4 : 1 und bei trübem weniger als 2 : 1 (vgl. Abb. 9). Auch VOIGTS findet in Travemünde einen Einfluß der Küchenheizung.

Häufiger als einen nur von der Kernproduktion abhängigen Tagesgang findet man eine *Umgestaltung* durch den Einfluß der *Konvektion* in den Mittagsstunden sowie des nächtlichen *Zusammensinkens* der Luft. Ein kennzeichnendes Beispiel hierfür beschreibt FLACH (s. S. 111). Die Untersuchungen an der Kurortklimakreisstelle Schlesien in Bad Warmbrunn (Meteorologin Dr. WEISS) ergaben allgemein mittags eine niedrigere Kernzahl als morgens. Ähnlich fanden LAHMEYER und DORNO in Assuan regelmäßig vormittags etwa doppelt so hohe Werte als nachmittags. In Oberstdorf (Meteorologe Dipl.-Ing. OBENLAND) wurde ein stetiges Absinken der Kernzahl nach einem Maximum zur Heizzeit vormittags gefunden, was auf die Verteilung der Kerne durch Konvektion und periodische Winde zurückzuführen ist. Die stärkere industrielle Kernproduktion der benachbarten Industrieorte des Elbetales läßt im Observatorium Wahnsdorf (Meteorologin Dr. ULRICH) die Kernzahl bis mittags ansteigen, während erst in den frühen Nachmittagsstunden ein Rückgang einsetzt. Ebenso ergibt sich auch in Bad Tölz (Meteorologe BRANDTNER) ein Maximum gegen Mittag oder schon etwas früher, mit einer Abnahme zum Nachmittag. L. SCHULZ hat in Braunlage (s. S. 117) bei ungestörten Kernzahlen einen Tagesgang mit sekundärem Minimum am Nachmittag gefunden, während das Maximum bei den lokal gestörten Kernzahlen früher liegt und die Schwankung größer ist. In verschiedenen älteren Meßreihen in Städten usw. zeigte sich eine auf die Konvektion zurückzuführende Abnahme der Kernzahl gegen oder kurz nach Mittag, so in Frankfurt (LANDSBERG [1]), in Innsbruck (GINER und HESS), in Essen (SARNETZKY), in Paris (THELLIER, MCLAUGHLIN [1, 2]), in Freiburg im Üchtland (GOCKEL) und in Washington (WAIT, SHERMAN und TORRESON). Daß es sich hier um eine Wirkung der Konvektion handelt, beweist die Tatsache, daß der tägliche Gang der Kernzahl in der Höhe gerade entgegengesetzt verläuft. Schon aus den älteren Messungen von RANKIN auf dem Ben Nevis (1340 m) in Schottland (nach KNOCHE, LANDSBERG [6]) und von V. FICKER und DEFANT auf dem Patscherkofel (2000 m) an Schönwettertagen ergibt sich ein täglicher Gang mit einem Maximum zur Zeit des Temperaturmaximums. SCHACHL beschreibt auf dem Hafelekar (2260 m) die bedeutenden Erhöhungen der Kernzahl über das Tagesmittel, wenn Dunstschichten den Beobachtungsort erreichten. Auch in Maria Waldrast im Stubai (1800 m) fand sich ein ausgeprägter

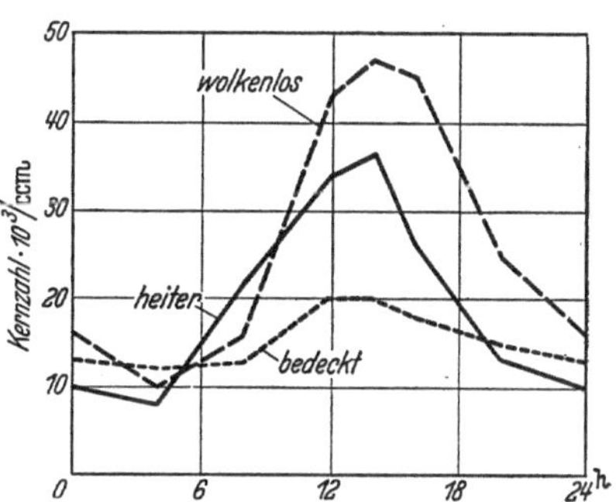

Abb. 9. Täglicher Gang der Kernzahl in Marburg/Lahn (nach MACK).

täglicher Gang, wenn auch nur mit geringer Amplitude von 20—80 Kernen/ccm; hierbei lag die geringste Kernzahl um 7—9 und 18—19 Uhr, die höchste gegen 14 Uhr. AMELUNG und LANDSBERG fanden auf Meßfahrten eine Umkehr des täglichen Ganges zwischen Taunusgebirge und Main-Ebene, was LANDSBERG [1] durch einen Vergleich des Tagesganges zwischen Ebene und Taunus-Obervatorium (820 m) bestätigen konnte. Es ist charakteristisch, daß das Mittagsmaximum der Kernzahl auf dem Feldberg etwas später auftritt als in dem mehr in Hanglage befindlichen Kurort Königstein. An trüben Tagen ist auch hier der Tagesgang stark abgeflacht; die Schwankung beträgt etwa 3 : 2 gegen 6 : 1 an heiteren Tagen. An heiteren Tagen werden mittags die Bodendunstschichten der industriereichen Rhein-Main-Ebene über das Gipfelniveau des Taunus (800 m Höhenunterschied) emporgehoben. Diese Umkehr des täglichen Ganges zwischen Tallagen und Gipfellagen, die durch Konvektion und lokale Winde hervorgerufen wird, muß in mittleren Lagen zu einem wenig ausgeprägten Gang führen. Als Beleg hierfür kann die Angabe von V. F. HESS [2] aus Lans im Innsbrucker Mittelgebirge (900 m) gelten, woselbst ein regelmäßiger Tagesgang nicht erkennbar war, sondern lediglich die Abendwerte etwa höher lagen als am Vormittag. Auch in St. Blasien (Meteorologe Dr. BUSSE) wurde bei nur drei Meßterminen: 9, 12, 15 Uhr (bzw. 8, 11, 17 Uhr) kein ausgeprägter täglicher Gang festgestellt. LANDSBERG [6] findet im State College (Pennsylvanien) in einem engen Tal der Alleghanies nur geringfügige Tagesschwankungen (8 Uhr: 33400, 14 Uhr: 40000, 20 Uhr: 35600 Kerne/ccm). In besiedelten Gebirgstälern wird die Kernzahl besonders stark durch nächtliche Inversionsbildung sowie lokale Windströmungen beeinflußt, die sich der lokalen Kernproduktion überlagern und so örtlich sehr rasch wechselnde Verhältnisse schaffen. Mit Recht verweist FLACH (s. S. 109) darauf, daß in solchen Fällen die Ausschaltung des Tagesganges durch einen einheitlichen Termin nicht hinreichend ist, einwandfreie Beziehungen zu ungestörten meteorologischen Größen zu ermitteln.

Während offenbar bei allen diesen Meßreihen die anthropogene Kernproduktion der nächsten Umgebung die Hauptursache des täglichen Ganges ist und durch Wettervorgänge nur modifiziert wird, gibt es nur wenige Meßreihen, die wirklich als ungestört zu bezeichnende Verhältnisse erfassen. Im *Binnenland* tritt hierbei meist ebenfalls ein Maximum in den Mittagsstunden und ein Minimum in den Nachtstunden oder frühmorgens auf, so bei Messungen in Ballycoyle (Irland) von NOLAN und NOLAN [3]. Hierbei muß man sowohl an die Wirkung des täglichen Ganges der Konvektion denken wie an die von L. SCHULZ (Bioklimatische Forschungsstelle Braunlage) wahrscheinlich gemachte Kernproduktion im Boden (s. S. 116), die mit der Einstrahlung parallel geht.

An der *Küste* sind die Verhältnisse ebensowenig geklärt. BOSSOLASCO [2] findet in Mogadischu (Italienisch-Ostafrika) bei Seewind im Gegensatz zu Landwind nur einen wenig ausgeprägten Tagesgang. Dagegen ergibt sich aus den Messungen von VOIGTS in Travemünde ein unregelmäßig verlaufender Gang, wobei das Maximum zwischen 10 und 11 Uhr mehr als doppelt so groß ist als das Minimum zwischen 17 und 18 Uhr; Nachtwerte fehlen leider. Auch hier ist der Tagesgang bei rein kontinentalen Luftkörpern ein abweichender. Nähere Untersuchungen über die Frage des Tagesganges an der Küste wurden an der Bioklimatischen Forschungsstelle in Wyk auf Föhr (Meteorologe Dr. LEISTNER) angestellt. Hierbei ergab sich als wichtigstes Merkmal eine starke Verschiedenheit des Tagesganges in Abhängigkeit von der Großwetterlage. Die bei Seewind und bei Landwind auftretenden Tagesgänge unterschieden sich weniger voneinander als die Tagesgänge bei Seewind in zwei aufeinanderfolgenden Monaten. Im Sommer ergab sich ähnlich wie bei Landstationen ein Anstieg bis zum Maximum um 11 Uhr und ein weiteres schwächeres Maximum gegen 18 Uhr, während in den Mittagsstunden ein anscheinend sekundäres Minimum eintrat; Nachtwerte fehlen auch hier. Eine Bearbeitung der Messungen von KÄHLER und ZEGULA in Norderney ergab einen ähnlichen Tagesgang. LEISTNER schließt aus den großen Differenzen des Tagesganges bei reinem Seewind auf das Bestehen eines besonderen *Sommertyps*. Der große Einfluß der Großwetterlage wird klar, wenn man berücksichtigt, daß öfters kontinental beeinflußte Luftmassen bei einer Winddrehung als „Pseudoseewind" (NEUBERGER [3]) ein Kernaerosol kontinentalen Ursprungs mit sich führen können. Die Untersuchungen von BOSSOLASCO [2] und RIEDEL (s. S. 29) zeigen den großen Einfluß selbst kleiner Landstrecken auf den Kerngehalt der Luft. Die im Vergleich zum offenen Ozean relativ hohen Mittelwerte in Wyk auf Föhr müssen wohl auf solche Störungen zurückgeführt werden; in Wyk herrschen daher keine rein maritimen Verhältnisse. Leider fehlen anscheinend bis jetzt längere Meßreihen des Tagesganges auf offener See. KNOCHE findet auf dem Atlantik, jedoch in der Nähe der westafrikanischen Küste, nachmittags doppelt so hohe Werte als morgens, was möglicherweise auf einen Landeinfluß zurückgeführt werden kann.

Für den Tagesgang müssen also sowohl *der Verlauf der Produktion der verschiedenen Kernsorten* wie auch die *wechselnden Austauschgrößen der Luft*, vor allem *die vertikale Konvektion*, in Betracht gezogen werden. Die im Laufe des Tages besonders durch Industrie, Hausbrand und Verkehr erzeugten Kerne werden mittags durch die Konvektion in die Höhe verfrachtet, während sie nachts in der Bodeninversion großenteils festgehalten werden. Bei dem großen Einfluß der Großwetterlage sowie der Windrichtung (s. S. 60) kann jedoch von einem einheitlichen täglichen Gang des Kerngehaltes entsprechend etwa dem der Temperatur oder der relativen Feuchtigkeit keine Rede sein. Bei dem starken und weitreichenden Einfluß lokaler Faktoren ist allerdings das ungestörte Verhalten der Kernzahl bisher kaum bekannt; insbesondere fehlen Angaben über den Kerngehalt der Nachtstunden.

Für den *jährlichen Gang der Kernzahlen* existieren nur sehr wenige Meßreihen, die mehrere Jahre umfassen und die daher eine wirklich zuverlässige Deutung zulassen. Wie sehr die lokale Produktion an Verbrennungskernen und damit die Wahl des Meßortes das Gesamtbild beeinflußt, zeigt am besten der von L. SCHULZ-Braunlage (s. S. 116) durchgeführte Vergleich zwischen den ungestörten Kernzahlen (Maximum im Mai, Minimum im Februar) und den älteren, lokal gestörten Meßreihen von KUSSMANN mit Maximum im Spätwinter (März) und Minimum im Oktober. An der Kurortklimakreisstelle Bad Salzuflen (Meteorologin Dr. SCHWANTES) sind an allen Meßstellen die im Frühjahr gemessenen Werte am höchsten (Tabelle 7, S. 44); die hierfür vermuteten Ursachen — Pollenflug, erhöhte Salzkernzahl am Gradierwerk — sind nach den bereits erwähnten Einschränkungen wohl kaum ganz richtig (vgl. S. 31 und S. 28). GLAWION fand in Arosa (1800 m) einen sehr ausgeprägten Jahresgang mit Maximum im März zur Zeit der Hochsaison und Minimum im Juli; die mittlere Kernzahl war im

Winter dreimal so hoch als im Sommer. SCHACHL fand in Innsbruck im Winter annähernd doppelt so viel Kerne als im Sommer, ähnlich auch WRIGHT [1] in Kew bei London, sowie ISRAËL [2] in Frankfurt a. M. Auch an der Kurortklimakreisstelle St. Blasien (Meteorologe DR. BUSSE) sind die Winterwerte über doppelt so hoch als im Sommer. In diesen Fällen muß man diesen Gang offenbar sowohl auf die erhöhte Kernproduktion als auch auf die erhöhte Stabilität der Luftmassen im Winter zurückführen. Daß die Kernproduktion eine besondere Rolle spielt, sieht man schon aus der Verschiebung des Maximums in die Hochsaison des Spätwinters in Wintersportplätzen, wie Arosa, vielleicht auch in Braunlage. Andererseits haben die Messungen der Kurortklimakreisstelle Oberbayern in Tölz (Meteorologe BRANDTNER) eine deutliche Abnahme vom Sommer zum Spätherbst hin ergeben, die wohl mit Recht auf den während der Sommersaison gesteigerten Verkehr zurückgeführt werden. Wenn dagegen auf der Zugspitze in fast 3000 m Höhe die Sommerwerte wesentlich höher liegen als im Winter (vgl. Tabelle 10), so ist diese

Tabelle 10. Kernzahlen auf der Zugspitze (2968 m) in verschiedenen Luftkörpern (M, PM, C, X). (Eingeklammert: Zahl der Messungen.)

Jahreszeit	M	PM	C	X	Mittel
Sommer (April bis Oktober)	430 (48)	645 (7)	1050 (9)	940 (5)	594
Winter (November bis März) . . .	304 (131)	328 (25)	160 (6)	327 (25)	306

Erhöhung durch die sommerliche Konvektion verursacht, während die niedrgsten Kernzahlen bei den im Winter häufigeren antizyklonalen Wetterlagen mit freiem Föhn festgestellt wurden. Eine vierjährige Meßreihe bei reinem Seewind in Irland (NOLAN und NOLAN [3]) ergab ein Ansteigen der Kernzahl vom Winter zum Sommer im Verhältnis 6 : 10, wobei die höchste Kernzahl im März und April gefunden wird. Dies Ergebnis wird auf den Wechsel der Großwetterlagen zurückgeführt, die Luftmassen von sehr verschiedener Lebensgeschichte und damit verschiedenem Aerosolgehalt an den Meßort transportieren.

Bei dem Fehlen längerer Meßreihen ist die Frage nach dem jährlichen Gang der Kernzahl in ungestörten Gebieten noch durchaus offen; die Terminmessungen an den Forschungsstellen des Reichsamts für Wetterdienst werden voraussichtlich weiteres Material zu dieser Frage liefern. In den Städten fällt das Kernzahlmaximum allgemein in den Winter, während bei Kurorten eine gewisse Verlagerung auf die Hochsaison vorzuliegen scheint. Die anscheinend vorhandene *Umkehr des jährlichen Ganges zwischen Gipfel und Niederung* läßt sich durch die sommerliche Labilität und die winterliche Stabilität der Luftmassen befriedigend deuten. Offenbar sind in der lokalen Kernproduktion und in der Austauschgröße der Luft dieselben Faktoren für den jährlichen Gang wirksam wie für den täglichen Gang.

Ein Überblick über die verschiedenen Befunde des jährlichen und täglichen Ganges macht es bei der starken Beteiligung der Kernproduktion wahrscheinlich, daß die Verschiedenheit der Kernsorten hierbei eine nicht zu vernachlässigende Rolle spielt. Die besonders zwischen *Seewind und Landwind* auftretenden *Unterschiede* lassen sich durch rein meteorologische Faktoren, z. B. durch den Austausch sowohl als Konvektion wie als Turbulenz nicht befriedigend deuten. Es muß daher angenommen werden, daß der *verschiedene Gang der Produktion der einzelnen Kernsorten* (maritime Salzkerne, Verbrennungskerne, feinster Staub usw.) auch unter scheinbar ungestörten Verhältnissen den täglichen Gang beinflußt.

5. Kernzahl und Wind.

Die Beziehungen zwischen *Kernzahl* und *Windgeschwindigkeit* erscheinen zunächst wenig klar. Die Zusammenfassung LANDSBERGS [6] führt 18 Stationen aus den verschiedensten Lagen an, in denen die Kernzahl mit zunehmender Windstärke abnimmt, dagegen 5 Stationen, die eine Zunahme der Kernzahl mit der Windstärke zeigen.

FLACH (s. S. 105) zeigt an einigen von ihm neu berechneten Werten anderer Autoren, daß allgemein, auch im Franz-Josephs-Land in der Arktis (SCHOLZ [4]) und an der deutschen Küste die Kernzahl mit zunehmender Luftversetzung abnimmt. In Bad Elster tritt diese Abnahme bei jeder Windrichtung, wenn auch in verschiedenem Umfange auf. Ähnlich findet L. SCHULZ (s. S. 119) in Braunlage bei lokal nicht gestörten Verhältnissen meistens die gleiche Abnahme der Kernzahl mit zunehmender Windstärke. In Oberstdorf (Meteorologe Dipl.-Ing. OBENLAND) ist bei der dort häufig stagnierenden Luft diese Abnahme schon in dem Intervall von 0—3 Metersekunden (gemessen in 23 m Höhe!) deutlich zu erkennen. In Tölz (Meteorologe BRANDTNER) ist bei ebenfalls nur geringen Windstärken eine starke Herabsetzung der Kernzahl durch Böigkeit beobachtet worden, und zwar an allen Meßstellen.

Schon diese Beobachtung zeigt die Ursache dieser Erscheinung mit aller Klarheit: je größer die Böigkeit und Turbulenz des Windes und damit der Austausch ist, um so schneller werden die neu produzierten Kerne verteilt, d. h. die Kernzahl nimmt ab. Die *Ursache dieser Abnahme* der Kernzahl in Bodennähe mit der *Windstärke* ist also nicht so sehr die Windgeschwindigkeit selbst, als vielmehr der von ihr abhängige *Austausch* und damit die Mischung kernreicher und kernarmer Schichten.

Die gleiche Beobachtung ist übereinstimmend von V. F. HESS [2] und SCHACHL in Innsbruck für Windstärken über 3 (Beaufort) gemacht worden. GLAWION findet in Arosa ebenfalls eine Abnahme der Kernzahl mit der Windstärke. W. SCHMIDT findet am Stadtrand von Wien die gleiche Erscheinung bei Winden aus den wenig besiedelten Gebieten des Wiener Waldes. Dagegen steigt die Kernzahl bei Überschreitung einer gewissen kritischen Schwelle der Windstärke stark an, wenn der Wind die Kernproduktion der in einer Mulde liegenden Stadt aufwirbelt und fortträgt. Ebenso findet auch LANDSBERG [1] auf dem Taunus-Observatorium im Winter eine starke Zunahme der Kernzahl mit der Windgeschwindigkeit, die trotz des großen Höhenunterschiedes von etwa 700 bis 800 m auf die gleiche Ursache zurückzuführen ist. Abweichungen von diesem Befund erklärt LANDSBERG als Folge der Koppelung mit der Windrichtung. Während KÄHLER [1] bei älteren Messungen ebenfalls eine Zunahme der Kernzahl mit der Windgeschwindigkeit in Potsdam fand, ließ sich dies wenigstens für ungestörte (heitere) Tage bei einer neueren Meßreihe (KÄHLER [4]) während des internationalen Polarjahrs nicht bestätigen.

Die Beobachtungen an den Bergobservatorien des Reichsamts für Wetterdienst sind geeignet, diese Frage weiter zu klären. Zur Bearbeitung wurden dabei lediglich die Beobachtungen der Observatorien Kalmit (Dezember 1936 bis März 1937 (BURCKHARDT) sowie August 1937 bis April 1938), Feldberg im Schwarzwald (Mai bis Juni, September bis November 1937) und Schneekoppe (Dezember 1936 bis März 1937, Oktober und November 1937) verwendet. Da eine Ausscheidung einzelner Jahreszeiten bzw. einzelner Termine (auf dem Feldberg im Schwarzwald) keine überzufälligen Einzelheiten aufzeigte, wurden sämtliche Werte zusammengefaßt, wobei die Zahl der Messungen in Klammern angegeben wurde.

Tabelle 11. Kernzahl und Windstärke im Mittelgebirge.

Windstärke in Beaufort	Kalmit (673 m)	Feldberg i. Schw. (1495 m)	Schneekoppe (1610 m)
0	2280 (3)	2290 (12)	—
1	2840 (22)	2760 (15)	4050 (1)
2	2510 (39)	2730 (42)	1500 (4)
3	2540 (71)	2650 (42)	1600 (4)
4	2810 (54)	2330 (31)	2820 (7)
5	2490 (51)	2420 (19)	2050 (10)
6	2050 (42)	2410 (13)	1560 (5)
7	1800 (21)	1260 (2)	1960 (10)
8	1200 (12)	—	1950 (13)
9—11	1030 (2)	—	2710 (3)

Die Werte der Tabelle 11 zeigen (unter Berücksichtigung der besonders auf der Schneekoppe sowie bei extremen Windstärken nur geringen Zahl der Messungen) *auf Berggipfeln* eine *Zunahme* oder doch Konstanz der Kernzahlen bei *niedrigen Windstärken* bis zu einem *kritischen Wert*, während sie oberhalb dieser Grenze deutlich *abnehmen*. Gut belegt ist dies bei der immerhin insgesamt 317 vollständige, homogene Messungen während eines Zeitraumes von mehr als 16 Monaten umfassenden Kalmitreihe. Die kritische Schwelle der Windgeschwindigkeit, bei der im Mittel die Zunahme der Kernzahl in eine Abnahme übergeht, liegt auf der Kalmit wie der Schneekoppe bei Windstärke 4, während sie auf dem etwas windschwächeren Feldberg im Schwarzwald (bei dem allerdings Winterwerte fehlen) offenbar schon bei Windstärke 3 zu suchen ist. Die Durchmischung der kernreichen bodennahen Schicht mit den kernarmen höheren Schichten spielt also offenbar nicht in allen Fällen die entscheidende Rolle, sonst müßte die Kernzahl mit zunehmender Windstärke in höheren Schichten weiter steigen, zumal auch der Einflußbereich großer Industrieanlagen oder Städte mit der Windgeschwindigkeit wächst. Vielmehr scheint in erster Linie die Häufigkeit von Sperrschichten bei antizyklonaler Wetterlage bei schwachen Winden und absinkenden bzw. schrumpfenden Luftmassen die Kernzahl in den Hochlagen herabzusetzen, wie auch Landsberg [1] annahm. Hinter dem Einfluß der Windstärke verbirgt sich offenbar der des freien Föhns (s. S. 64). Da besonders bei Kalmit und Feldberg die größten Windgeschwindigkeiten bei Winden aus West bis Südwest auftreten, ist die Abhängigkeit von der Windstärke auch verknüpft mit der Abhängigkeit der Kernzahl von Windrichtung und Luftkörper.

An der See liegen die Verhältnisse etwas anders. Während Mathias in Helgoland eine Zunahme der Kerne mit der Windstärke bei Landwind, eine Abnahme bei Seewind beobachtete, schließt V. F. Hess [1] aus seinen Messungen über die Lebensdauer der Kleinionen daselbst auf eine Zunahme der Kernbildung bei Seewind mit der Windstärke von 5 (Beaufort) aufwärts. Neuberger [3] macht jedoch auf den Einfluß des starken Schiffsverkehrs in der

Umgebung von Helgoland aufmerksam; außerdem mag die Höhe des Meßpunktes über der Meeresoberfläche die Erfassung der durch Meerwasserzerstäubung entstandenen relativ schweren Kerne beeinträchtigen. BOSSOLASCO [2] fand an der Somaliküste (Mogadischu) eine Zunahme der Kernzahl mit der Windstärke bei Landwind, wobei die Einwendungen NEUBERGERS [2] (vgl. BOSSOLASCO [3]) zurückgewiesen wurden (s. S. 29); eine Abhängigkeit von der Windstärke bei Seewind konnte bei der Gleichmäßigkeit dieses Windes (Monsun) nicht untersucht werden. NEUBERGER [3] fand auf Sylt eine beträchtliche Abnahme der Kernzahl bei zunehmender Windstärke bei Landwind, jedoch eine leichte Zunahme bei Seewind. Folgte hingegen der Seewind einem wenige Stunden vorhergegangenen Landwind, so zeigte sich bei diesem Pseudoseewind erst eine Zunahme, dann eine Abnahme des Kerngehalts. Die Untersuchungen der bioklimatischen Forschungsstelle Wyk auf Föhr (Dr. LEISTNER) ergaben bei Seewind gleichfalls eine schwache Zunahme bis etwa Windstärke 5, bei höheren Windstärken jedoch Unregelmäßigkeiten, zum Teil auch Abnahme, so bei Windstärke 6. Hierbei wurden lediglich Messungen mit reinem, d. h. mindestens seit 24 Stunden herrschendem Seewind berücksichtigt. Eine *leichte Zunahme der Kernzahl* mit der *Windstärke* dürfte also bei *reinem Seewind* wohl gesichert sein; diese steht im Gegensatz zu den Verhältnissen im Binnenland. Man geht wohl nicht fehl, wenn man diese Zunahme auf die Zerstäubung des Meerwassers bei Seegang und Brandung zurückführt, wobei die Spritzwassertropfen verdampfen und ihr Salzrückstand als hygroskopischer Kondensationskern gemessen wird. Diese Zunahme wird aber abgeschwächt, zum Teil auch kompensiert durch die größere Turbulenz und Durchmischung der Luft bei höheren Windstärken, vielleicht auch durch die an der Kurortklimakreisstelle Norderney (Dr. RIEDEL) wohl eindeutig beobachtete Filterwirkung der Brandung (s. S. 28). NEUBERGER [3] nimmt an, daß die durch Zerstäubung von Meerwasser und Verdunstung der Wassertröpfchen entstehenden Salzkerne größer und schwerer sind und bei der großen Feuchtigkeit leicht koagulieren und so häufig der Zählung entgehen. Dies stimmt mit den theoretischen Überlegungen von FINDEISEN [2] grundsätzlich überein, der zeigte, daß die durch Verdampfung von Spritzwassertröpfchen entstehenden Salzkristalle sehr viel schwerer sind (10^{-6} bis 10^{-10} g) als die Kondensationskerne (10^{-15} g). Jedoch muß wohl mit der Existenz noch kleinerer Spritzwassertröpfchen bzw. ihrer Rückstände gerechnet werden; eine eingehendere qualitative wie quantitative Bestimmung des Gehaltes der Seeluft an Salzkernen wäre sehr erwünscht. Die zahlenmäßig geringe Bedeutung der maritimen Salzkerne im Gesamtkerngehalt der Atmosphäre wurde schon ausführlich (s. S. 27—29) erörtert.

In *Wüstengebieten* wurde sowohl in Biskra (Algerische Sahara) wie bei Landwind in Mogadischu (Italienisch-Ostafrika) eine *Zunahme* der Kernzahl mit der Windgeschwindigkeit gefunden, die mit der Mehrzahl der Beobachtungen auf dem Lande im Widerspruch steht. MELANDER sowie BOSSOLASCO [3] erklären diese Abweichung durch die Aufwirbelung von Salzteilchen.

Zusammenfassend läßt sich feststellen, daß eine *Zunahme der Windgeschwindigkeit* allgemein *durch den vergrößerten Austausch die Kernzahl herabsetzt.* Diese Wirkung kann in den reineren *höheren Luftschichten* wie auch in gewissem Abstand von größeren Kernquellen bei geeigneter Windrichtung *umgekehrt* werden.

Andererseits überlagert sich diese Wirkung auch dem *kernerzeugenden Einfluß des Windes* z. B. bei Seegang und führt so zu unübersichtlichen Beziehungen.

Die bioklimatisch wichtige Frage nach der *Entlüftung von Siedlungen* mag hier noch kurz gestreift werden. Die Untersuchungen von FLACH (s. S. 107) in Bad Elster haben ergeben, daß offenbar schon geringe Windstärken von etwa 1,6 m/sec ausreichen, die Kernproduktion einer kleineren Siedlung abzutransportieren. Die Messungen an der Kurortklimakreisstelle Allgäu (Dipl.-Ing. OBENLAND) in dem sehr zur Stagnation neigenden Oberstdorfer Talkessel zeigen eine beträchtliche Abnahme der Kernzahl, sobald die Windgeschwindigkeit den Wert 2 m/sec überschreitet. Die an Schönwettertagen häufigen Berg- und Talwinde, deren Stärke vielfach gerade in der Nähe dieser Schwellengrenze liegen, sind daher zur Entlüftung derartiger Siedlungen sehr wichtig und notwendig, erreichen aber bei besonders breiten Tälern, die sich vielleicht noch gar talab verengen, sowie größeren Siedlungen (wie in Oberstdorf) die Schwellengrenze nicht. In größeren Städten dürfte die Schwellengrenze der Entlüftung wohl höher liegen, wie man aus den Beobachtungen von W. SCHMIDT am Rande von Wien schließen kann. Auf die hieraus zu ziehenden Folgerungen muß noch im Dritten Teil (S. 95) näher eingegangen werden.

Die Beziehungen zwischen *Kernzahl und Windrichtung* sind, wie aus den bisherigen Angaben bereits zu erwarten ist, in besonders hohem Maße *lokal* bedingt. Der Einfluß der lokalen Kernproduktion durch Heizung, Industrie beherrscht an vielen Stationen so sehr das Bild, daß alle anderen Faktoren zurückgedrängt werden. Bei mehr ungestörten Verhältnissen dagegen ist die Koppelung zwischen Luftkörper (bzw. Luftmasse) und Windrichtung so eng, daß die Rolle der Windrichtung allein schwer festzustellen ist. Trotzdem ist die Untersuchung der Abhängigkeit der Kernzahl von der Windrichtung bei allen längeren Meßreihen an einem Orte unbedingt notwendig, um die Kernquellen zu erfassen und sich Rechenschaft über die lokalklimatischen Unterschiede abzulegen.

Im *Binnenlande* ist die Abhängigkeit der Kernzahl von der Windrichtung im wesentlichen verursacht durch das Vorkommen und die Größe von Siedlung und Industrie. Die Beiträge von E. FLACH und L. SCHULZ (Vierter und Fünfter Teil) zeigen hier deutlich, wie überragend dieser Siedlungseinfluß selbst bei klimatisch relativ günstigen Kurorten ist, und wie man ihn ausschalten muß, um einigermaßen ungestörte Verhältnisse zu bekommen. W. SCHMIDT hat bei Kernzählungen am Stadtrand von Wien einen überraschend starken Siedlungseinfluß festgestellt: Die aus der Stadt kommende Luft enthält im Mittel mehr als 10mal so viele Kerne (189000) als die vom Wiener Wald herkommende (17000), obwohl auch dort noch eine Verunreinigung festzustellen ist. ISRAËL [2] fand in Frankfurt am Main eine starke Abhängigkeit von der Größe des vorher überstrichenen Stadtgebietes; die größten Kernzahlen fanden sich bei O-Wind (Industriegebiet am Osthafen) und bei SW-Wind (Hauptbahnhof). McLAUGHLIN [2] hat bei Messungen der Großionen (d. h. also der geladenen Kerne) in Paris direkte Parallelen mit der Zahl der überstrichenen Fabrikschornsteine gefunden. Während V. F. HESS [2] in Lans bei Innsbruck nur eine schwache Erhöhung bei Winden aus der Stadt fand, die er der Filterwirkung der vorgelagerten, bewaldeten „Lanser Köpfe" zuschreibt, beobachtete SCHACHL in Innsbruck selbst eine bedeutende Erhöhung der Kernzahl bei Winden, die über das Stadtgebiet gestrichen sind.

Die von V. F. HESS [2] angenommene schwache Filterwirkung wird nach den Beobachtungen von Bad Elster (S. 104) und Müncheberg (S. 62) wohl weniger auf den Wald zurückzuführen sein als auf den Höhenunterschied von rund 400 m. Jedoch sind weitere Untersuchungen dieser bioklimatisch wichtigen Fragen durch Meßfahrten bei geeigneten Wetterlagen wünschenswert, um den Einflußbereich großer Kernquellen festzulegen.

Entsprechende Befunde sind bei den meisten der vom Reichsamt für Wetterdienst angeregten Untersuchungsreihen gemacht worden. Hierbei haben die an

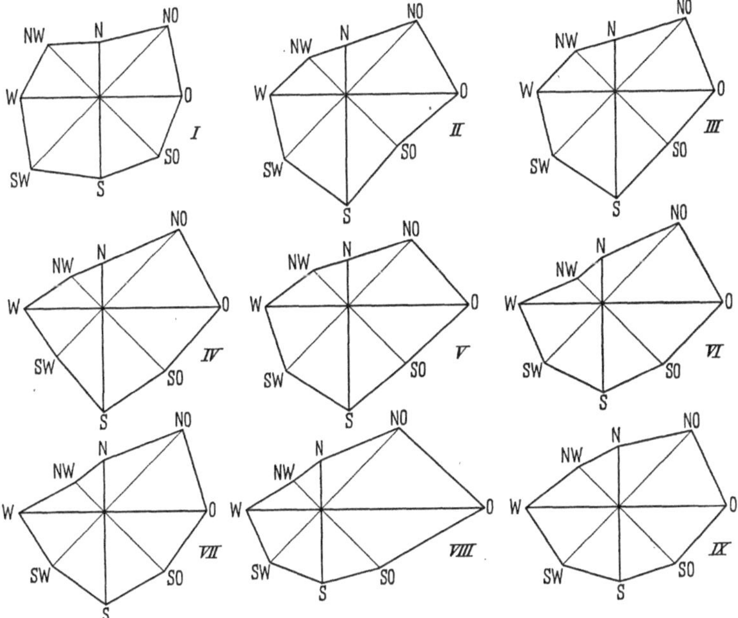

Abb. 10. Kernwindrosen in Bad Salzuflen.

mehreren Meßpunkten angestellten Beobachtungen sowohl an der Kurortklimakreisstelle Bad Warmbrunn (Meteorologin Dr. WEISS) wie an der Kurortklimakreisstelle Bad Salzuflen (Meteorologin Dr. SCHWANTES) eindeutig ergeben, daß selbst *geringfügige Ortsveränderungen* die *Kernwindrose* schon merklich *beeinflussen* können. Als Ergänzung zu der Kartenskizze der Meßpunkte in Bad Salzuflen (Abb. 8, S. 43) seien deshalb hier die Kernwindrosen der 9 Meßstellen nebeneinander wiedergegeben (Abb. 10). Während allgemein die größte Kernzahl bei NO- und O-Winden festgestellt wurde, was auf die erhöhte Kernzahl der kontinentalen Luftkörper (S. 66) zurückzuführen ist, so finden sich doch im einzelnen merkliche Unterschiede selbst bei dicht benachbarten Meßpunkten, die in einem einzigen Stadtviertel, dem Kurgebiet des Heilbades Salzuflen, liegen. Bei den Meßstellen I und III verschiebt sich das Maximum auf S bzw. SW und zeigt hier die Wirkung des Kraftverkehrs sowie der Siedlung an den verkehrsreichen Straßen am deutlichsten. Bei Meßstelle IV ist das Maximum bei Nordostwinden noch durch den Einfluß des Kurhausschornsteins verstärkt.

Sehr bezeichnend ist das starke Hervortreten des von der Stadt kommenden S-Windes bei der etwa 1 km entfernt liegenden Meßstelle VII, wobei sich die bisher einzeln auftretenden Kernquellen der Siedlung in ihrer Wirkung vermindern. Auch in Bad Warmbrunn konnten derartige lokale Unterschiede auf engstem Raum nachgewiesen werden; hier machte sich noch in besonderem Maße eine Anreicherung des Kerngehalts bei NO-Winden bemerkbar, die auf den (schon durch den Geruch festzustellenden) Einfluß der rund 6 km entfernten Zellwollefabrik in Hirschberg zurückzuführen ist. Dieser Einfluß tritt naturgemäß am stärksten am nordöstlichen Rande von Bad Warmbrunn hervor.

In Friedrichroda überwiegt an der randlich gelegenen Bioklimatischen Forschungsstelle (Leiter Dr. W. MÜLLER) der Siedlungseinfluß bei Winden aus O (Stadt) und N (Bahnhof Reinhardsbrunn). Die nur im Herbst vereinzelt auftretenden hohen Kernzahlen bei W-Wind können vielleicht auf Kartoffelfeuer zurückgeführt werden. Paralleluntersuchungen mit 2 Kernzählern in Lee und Luv der Siedlung zeigten deutlich den Siedlungseinfluß. In Oberstdorf (Dipl.-Ing. OBENLAND) ist der Stadteinfluß naturgemäß besonders stark; nur bei den verhältnismäßig wenig gestörten Westwinden findet sich ein Minimum der Kernzahl. In Tölz (Meteorologe BRANDTNER) überwiegen die lokalen Einflüsse besonders bei den Messungen in der Innenstadt alle anderen Einflüsse; die Kernwindrosen an den einzelnen Meßpunkten unterscheiden sich noch stärker voneinander als in Bad Salzuflen.

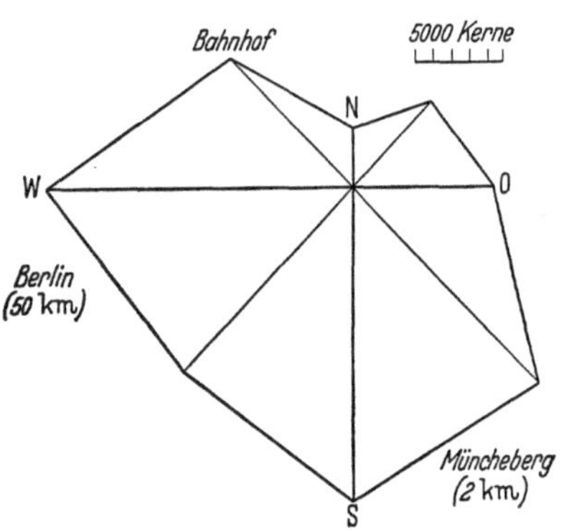

Abb. 11. Kernwindrose in Müncheberg/Mark.

Besonderes Interesse bieten die Zusammenhänge zwischen Kernzahl und Windrichtung an der Agrarmeteorologischen Forschungsstelle Müncheberg/Mark (Leiter: Dr. MÄDE) und am Meteorologischen Observatorium Wahnsdorf bei Radebeul i. Sa. (Meteorologin Dr. ULRICH). In Müncheberg (Abb. 11) ist das interessanteste Ergebnis der Beobachtungen die ungewöhnlich hohe Kernzahl bei W-Winden, die nur auf die riesige Kernproduktion der doch rund 50 km entfernten Großstadt Berlin zurückzuführen ist. Der immerhin insgesamt rund 10 km tiefe Waldstreifen am östlichen Rande von Berlin reicht nicht aus, um die Kernmenge in Bodennähe merklich auszufiltern. Die Kernmengen des S-Sektors, besonders S und SO, entstammen der nahen Stadt Müncheberg, ihrer Siedlung und einer Kartoffelflockenfabrik. Aus Meßprofilen in der Nähe der Forschungsstelle geht hervor, daß auch lokale Kernquellen (Gewächshäuser, chemisches Laboratorium) die gemessene Kernzahl beeinflussen. Diese weitreichende Wirkung der Kernquelle einer Großstadt wird für Müncheberg bestätigt durch Flugzeugbeobachtungen der Dunsthaube sowie Untersuchungen über den Gehalt von Niederschlagswässern an Verunreinigungen. Sie zeigt deutlich die praktisch zu vernachlässigende Sinkgeschwindigkeit der Kerne wie auch die große *Bedeutung des Großstadtklimas für die weitere Umgebung*.

Am Observatorium Wahnsdorf (Abb. 12) ist der Einfluß der umliegenden industriereichen Siedlungen besonders deutlich zu erkennen. Die Zahl der Messungen ist zwar verhältnismäßig klein, jedoch ist die Streuung der Werte bis auf die Richtungen WSW-WNW recht gering. Den größten Einfluß hat die nahegelegene Großstadt Dresden im SSO, etwas schwächer die Industriegebiete von Radebeul (S) und Meißen (WNW). Dagegen macht sich in Richtung der umliegenden Waldgebiete eine Verringerung der Kernzahl deutlich geltend. Hier überwiegen also örtliche Einflüsse deutlich die Wirkung aller anderen Faktoren, wie Luftmasse usw. Es ist klar, daß unter solchen Umständen eine Untersuchung der Beziehungen zwischen Kernzahl und Sicht, relativer Feuchtigkeit usw. keinen Sinn hat, wenn man sie nicht für jede Windrichtung gesondert durchführen kann; hierzu sind aber sehr lange und umfangreiche Meßreihen erforderlich.

Aber auch auf den Bergstationen ist ein Einfluß lokaler Faktoren noch deutlich zu erkennen. Auf dem Feldberg im Schwarzwald (Meteorologe Stud.-Ass. Utzschneider),dessen nähere Umgebung siedlungs- und industriearm ist, ist kein deutlicher Einfluß lokaler Faktoren festzustellen. Die größten Kernzahlen finden sich bei Winden aus N und SO, die kleinsten im SW-Sektor, wo offenbar die meist reinen maritimen Luftmassen die Verringerung des Kerngehaltes verursachen. Auf der Schneekoppe finden sich die höchsten Werte bei SO-Wind, die der Beobachter (Meteorologe Dr. Rink) auf das etwa 15 km entfernte Kohlenrevier von Schatzlar (Sudetengau) zurückführt. Die ebenfalls hohen Werte bei Winden aus SW und S müssen wahrscheinlich als Folgen der kräftigen Vertikalkomponente des Windes aufgefaßt werden, der hier aus dem Riesengrund besonders steil aufsteigen muß; der Gipfel der Schneekoppe liegt also dann in einem Kernaerosol, das wesentlich tieferen Schichten entstammt. Die Beobachtungen von Burckhardt auf der Kalmit ergaben ein nicht sehr starkes, aber eindeutiges Maximum bei NO-Wind, das auf die chemische Großindustrie von Oppau sowie die Großstädte Mannheim-Ludwigshafen in etwa 30 km Entfernung zurückgeführt werden muß. Die neueren Beobachtungen auf der Kalmit (Meteorologe Dr. Giese) haben diesen Befund völlig bestätigt; das Minimum der Kernzahl liegt wie beim Feldberg bei SW (maritime Luftmassen!). Auf dem Kleinen Feldberg im Taunus hat Landsberg [1] ein Maximum der Kernzahl bei SO-Wind (Industriegegend um Frankfurt am Main, 20 km entfernt) und NW (2 kleinere Siedlungen in rund 3 km Entfernung) gefunden, während die Winde in der Richtung des siedlungsfreien Taunuskammes (etwa SW—NO) ein Minimum der Kernzahl brachten.

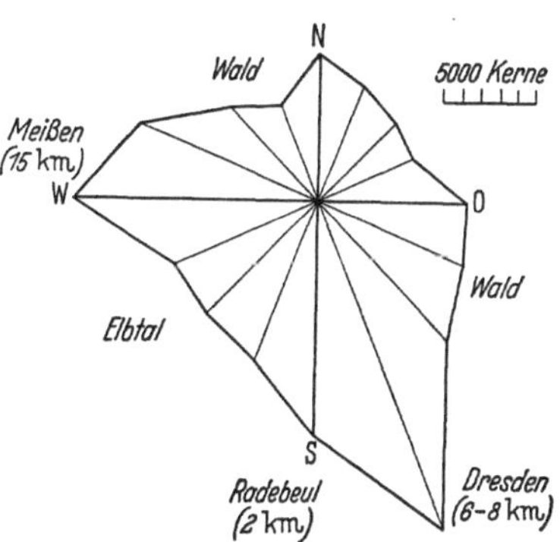

Abb. 12. Kernwindrose in Wahnsdorf.

Während also ein Einflußbereich der größten Kernquellen (Großindustrie, Großstädte) auf mindestens 20, ja 50 km gesichert ist, ist nach den Untersuchungen von Nolan und Nolan [1, 2, 3] in Glencree, einer irischen Mittelgebirgsstation, ein noch weiterer Einfluß wahrscheinlich. Während genau wie bei den deutschen Bergstationen das Minimum bei südlichen und westlichen Winden liegt, sind die Kernzahlen bei N-Wind etwa 10mal so hoch: Im N liegt in etwa 20 km Entfernung die Großstadt Dublin. Bei NO-Wind ist der Kerngehalt kleiner als bei O-Wind, trotzdem in NO wesentlich größere Siedlungen liegen. Die Verfasser halten es für nicht ausgeschlossen, daß diese Erhöhung auf die in genau östlicher Richtung liegenden Hauptindustriezentren von England (Liverpool, Manchester, ganz Lancashire) zurückzuführen ist. Die Entfernung dahin beträgt aber fast 300 km! Eine andere Deutung der Beobachtungen ist in der Tat kaum möglich, da zwei sehr verschiedene Beobachtungsreihen dasselbe Ergebnis lieferten und die Zahl der Messungen bei einer 5jährigen Reihe in beiden Windrichtungen fast gleich ist. Bemerkenswert niedrig (800—1000) sind die Kernzahlen bei Süd- und Westwind, die kaum höher sind als die auf dem freien Ozean gemessenen, ja in einzelnen Fällen sogar unter 100 sinken, obwohl diese maritimen Luftmassen einige hundert Kilometer bewohntes, wenn auch nicht industrialisiertes Land überstrichen haben.

Die *Unterschiede zwischen Landwind und Seewind bei Küstenstationen* sind immer beträchtlich, jedoch handelt es sich hier vielfach um eine Folge der Koppelung zwischen Luftkörper bzw. Luftmasse und Windrichtung. Dies erhellt aus den Untersuchungen NEUBERGERS auf Sylt [3], der bei Seewind im Mittel 1200 Kerne fand, bei Landwind 3100, dagegen bei seinem „Pseudoseewind“, d. h. bei einer durch Rückdrehen des Windes als Seewind auftretenden kontinental beeinflußten Luftmasse, 2900 Kerne, d. h. fast ebensoviel als bei Landwind. Die Zunahme des Kerngehalts bei Landwind gegenüber Seewind ist schon von LÜDELING [2, 3, 5], MATHIAS, V. F. HESS [1], SCHOLZ [3] u. a. übereinstimmend festgestellt worden; die Untersuchungen an der Bioklimatischen Forschungsstelle in Wyk auf Föhr (Dr. LEISTNER) und an der Kurortklimakreisstelle Ostfriesland in Norderney (Dr. RIEDEL) haben diese Befunde völlig bestätigt. Der Einfluß des Landes scheint in Norderney relativ größer zu sein als in Wyk, da in Wyk durch die vorgelagerten Inseln wie Amrum und Sylt der Seewind bereits gestört ist; die im Vergleich zu den Messungen NEUBERGERS [3] in den ungestörten Teilen Sylts höheren Kernzahlen von Wyk erklären sich wohl auf diese Weise. Es ist beachtenswert, daß die Windrichtungen von Seewind und Landwind auf Föhr und Norderney sehr verschieden sind; während auf Föhr der Seewind nahezu die ganze Westhälfte der Windrose umfaßt, reicht er auf Norderney etwa von W bis NO.

Die Untersuchung der Beziehungen zwischen *Windrichtung* und *Kernzahl* gehört zu den wichtigsten *Methoden, die lokalen Kernquellen zu erfassen.* Darüber hinaus hat diese Frage jedoch nur beschränkten Erkenntniswert, da die Koppelung zwischen Windrichtung und Luftmasse bzw. Luftkörper die ursächlichen Beziehungen verschleiert.

Bei den Beobachtungen der Bergstationen war es bereits notwendig, auf die große *Bedeutung vertikaler Strömungskomponenten* für das Kernaerosol hinzuweisen. Während die zum Aufsteigen gezwungene Luft das reichere Kernaerosol der unteren Schichten hinauftransportiert, bringen umgekehrt abwärts gerichtete Strömungen kernarme Luft aus der Höhe zum Boden. Das gilt schon einmal für die Turbulenz bei Schauerwetter; so heben z. B. KÄHLER und ZEGULA die Abnahme der Kernzahl während und nach dem Durchzug einer Regenbö hervor. Das gilt ebenso für den freien Föhn, d. h. also für dynamisches Absinken oberhalb (vielfach antizyklonaler) Inversionen; solche Fälle wurden im Zusammenhang mit der Abhängigkeit der Kernzahl von der Höhe (S. 51) behandelt. Aber auch der echte *Gebirgsföhn* (vielfach zyklonaler Natur) *setzt die Kernzahl herab.* V. F. HESS [2] und ISRAËL [4] beobachteten in Lans und Mutters im Innsbrucker Mittelgebirge eine Abnahme auf die Hälfte des normalen Wertes; SCHACHL fand eine Abnahme des Kerngehalts bei Föhn auf ein Drittel des Mittelwertes im Winter, auf die Hälfte im Sommer. Auch an der Kurortklimakreisstelle Oberstdorf wurde eine Abnahme der Kernzahl bei Gebirgsföhn gefunden; ein Föhneinbruch von etwa einstündiger Dauer brachte eine vorübergehende Abnahme der Kernzahl von (im Mittel) 38700 auf 5600. Beim zyklonalen Föhn ist diese Abnahme nicht nur eine Folge der Abwärtsbewegung, sondern die Luftmassen verloren bereits vorher beim Aufsteigen einen großen Teil ihres Kerngehalts durch Kondensation. Beim antizyklonalen Föhn wird dagegen schon ursprünglich sehr reine kernarme Luft aus größeren Höhen in Bodennähe gebracht. An allen Bergstationen fallen die niedrigsten Kernzahlen auf Tage mit dynamischem Absinken.

6. Kernzahl und Luftkörper.

Die starke Abhängigkeit der Kernzahl von den lokalen Kernquellen und damit von der Windrichtung an der Meßstelle läßt es nicht erwarten, im Binnenland überall einen klaren Zusammenhang zwischen Kernzahl und Luftkörper (nach der Einteilung von LINKE-DINIES) bzw. Luftmasse (nach der Einteilung von BERGERON-SCHINZE) zu finden. Die Arbeiten von E. FLACH und L. SCHULZ zeigen (s. S. 109 und S. 113) einen Weg, durch Auswahl ungestörter Windrichtungen dem wahren Kerngehalt des Luftkörpers näherzukommen, der bei allen umfangreicheren, an einem festen Punkt gewonnenen Meßreihen zur Anwendung gelangen sollte. Die ohne diese Vorsichtsmaßnahme gefundenen Werte sind fast durchweg als nicht repräsentativ zu betrachten; im besonderen gilt dies für Großstadtwerte, wie z. B. von ISRAËL [2].

Die *Kernzahlen ungestörter, rein maritimer Luftmassen* liegen auf dem freien Ozean unter 1000 (s. S. 29), was übereinstimmend aus den Meßreihen von KNOCHE, BRAAK, WIGAND [5], der Carnegie-Expedition (WAIT), LANDSBERG [1] und BOSSOLASCO [2] hervorgeht. Nur wenig höher liegen die ebenfalls übereinstimmenden, bei reinem Seewind gemessenen Werte von 1400 (MATHIAS) und 1060 (V. F. HESS [1]) in Helgoland, von 1200 (NEUBERGER [3]) in Sylt. Es ist anzunehmen, daß sich bei der geringfügigen Erhöhung der Kernzahl in der Deutschen Bucht um vielleicht die Hälfte gegenüber dem freien Ozean (Mittelwert etwa 800) die Störungen durch Schiffsverkehr, besonders aber Landüberwehung (Großbritannien!) bemerkbar machen. Auch diese Tatsache spricht für einen sehr weitreichenden Einfluß lokaler Kernquellen, wie er bereits (s. S. 64) besprochen worden ist. Ob ein primärer Unterschied im Kerngehalt der Luftmassen schon auf dem Ozean besteht, wie ihn LANDSBERG [1] im Gegensatz zu WIGAND [5] annimmt, ist bei der Streuung der Einzelwerte und den rasch wechselnden Meßorten unentschieden. LANDSBERG [1, 6] vermutet primäre Unterschiede zwischen der meist stabil geschichteten Tropikluft und der labileren Arktikluft.

Einigermaßen ungestört sind die auf den Bergobservatorien der *Mittel- und Hochgebirge* gefundenen Kernzahlen, wenngleich auch hier nicht alle lokalen

Störungen, sei es durch nahegelegene Gasthäuser usw., sei es durch weiter entfernte Industriegebiete (s. S. 63) ausgeschaltet werden konnten. Eine vergleichende Zusammenstellung der gemessenen Werte (Tabelle 12) ergibt jedoch (bei Berücksichtigung der zum Teil geringen, in Klammern angegebenen Zahl der Messungen) ein in großen Zügen übereinstimmendes Bild.

Tabelle 12. Kernzahl und Luftmasse auf Bergobservatorien.

Luftmasse	Kalmit	Feldberg i. Schw.	Schneekoppe
mA	1710 (14)	—	1300 (6)
cA	3560 (13)	—	—
mGA	2380 (71)	2710 (39)	2580 (15)
cGA	3960 (24)	2740 (7)	—
mGT	2260 (40)	1990 (40)	2500 (10)
cGT	3350 (19)	3280 (6)	—
mT	3120 (9)	1570 (32)	2360 (16)
cT	5060 (8)	4140 (10)	—

Das eindeutigste Ergebnis ist stets der *große Unterschied zwischen kontinentalen und maritimen Luftmassen.* Auf der Schneekoppe wurden seltsamerweise in der Meßzeit gar keine rein kontinentalen Luftmassen beobachtet; die weitere Ausdehnung gerade dieser Messungen ist von hohem Interesse. Die geringsten Werte weisen mA auf der Schneekoppe sowie mT auf dem Feldberg i. Schw. auf, in beiden Fällen die Luftmassen mit dem geringsten Landweg. Wenn man die allgemeine Abnahme der Kernzahl mit der Höhe (s. S. 47) in Betracht zieht, so beweist die bedeutende Erhöhung der Kernzahl maritimer Luftmassen gegenüber dem Ausgangswert — trotz des relativ geringen Landweges, der in wenigen Stunden zurückgelegt werden kann — die große Zunahme der Kernzahl über Land und gleichzeitig den zahlenmäßig geringen Anteil maritimer Kerne an der Gesamtkernzahl (s. S. 30). Je größer der Landweg und je länger die Zeit des kontinentalen Einflusses wird, desto mehr erhöhen sich die Kernzahlen, wie ein Vergleich der Werte für mA und mGA einerseits, für mGT und mT andererseits an den drei Stationen ohne weiteres ergibt. Die kontinentalen Luftmassen haben daher den größten Kerngehalt, der besonders bei den tropisch-kontinentalen Luftmassen bis auf das Dreifache der Werte maritimer Luftmassen ansteigen kann. Auf dem Feldberg i. Schw. (Meteorologe Utzschneider) ist die Streuung der Einzelwerte bei frischen maritimen Luftmassen geringer als bei kontinentalen; auch diese Tatsache spricht für die maßgebliche Rolle der Alterung der Luftmassen. Die Unterschiede der beiden Terminwerte 7 Uhr 30 und 14 Uhr 30 waren im Mittel so gering, daß beide Werte vereinigt werden konnten. Auch auf der Zugspitze (vgl. Tabelle 10, S. 56) sind die kontinentalen Luftkörper kernreicher als die maritimen; der entgegengesetzte Befund im Winter erklärt sich in allen Fällen durch das starke dynamische Absinken in kontinentalen Luftmassen, das sehr kernarme Luft aus noch größeren Höhen herabschafft. Landsberg [1] fand auf dem Kleinen Feldberg i. Ts. bei nächtlichen Messungen (um den Einfluß der Konvektion auszuschalten) für PM-Luftkörper 1930 Kerne (14 Werte), für C-Luftkörper 4100 Kerne (12 Werte).

Die Zusammenstellung der an den Bergobservatorien gewonnenen ungestörten Werte zeigt klar die ausschlaggebende Bedeutung der *Luftkörperalterung* sowie des maritimen bzw. kontinentalen Weges der Luftmassen. Da sich diese Eigenschaften offenbar nicht nur auf eine seichte Bodenstörungsschicht beschränken, sondern mindestens bis 3000 m reichen, so muß diesen beiden Gesichtspunkten eine hohe Bedeutung beigemessen werden. In der ursprünglichen *Luftkörper*einteilung von LINKE-DINIES sind beide Eigenschaften noch am besten erfaßt. Ohne Berücksichtigung der sog. Bodenstörungsindizes m (maritim) und c (kontinental) findet man bei den Haupt*luftmassen* nur geringfügige Unterschiede, was auch aus den Beobachtungen der Kurortklimakreisstelle Bad Warmbrunn (Meteorologin Dr. WEISS) folgert. Selbst die Zunahme der Kernzahlen von AK (arktischer Kaltluft) zu TW (subtropischer Warmluft) ist eher geringer als die von maritimen zu kontinentalen Luftmassen. Die große Bedeutung der Kernzahl nicht nur in klimatischer Hinsicht, sondern auch für die synoptisch wichtigen Kondensationsvorgänge läßt es nicht geraten erscheinen, bei der strengen Luftmassendefinition auf die Angabe maritimer oder kontinentaler Herkunft zu verzichten (BURCKHARDT). Darüber hinaus ist auch eine eingehende Berücksichtigung der Luftkörperalterung von großem Wert; die Kernzahl ist ein ausgezeichnetes Mittel zu ihrer Erfassung, wie auch FLACH (S. 111) betont. DÖRFFEL, LETTAU und RÖTSCHKE haben die Luftkörperalterung durch Kernzählungen auf Freiballonfahrten messend verfolgt und fanden besonders bei instabiler Schichtung hohe vertikale Austauschkoeffizienten und damit eine rasche Alterung.

Die *Abnahme* der Kernzahl durch *Kondensation* geht aus den Beobachtungen aller Bergobservatorien hervor, besonders deutlich aber auf der Zugspitze. Hier erniedrigt sich das Mittel bei Luftkörpern, die durch Stauniederschläge beeinflußt wurden, um ein Viertel und mehr der normalen. Ähnlich liegen die Dinge bei föhnigem Absinken; es ist daher notwendig, bei allen eingehenderen Betrachtungen auch die entsprechenden Indizes der Luftmasseneinteilung (r = Stau, f = Föhn) zu verwenden.

Die Messungen der übrigen an der Gemeinschaftsarbeit des Reichsamts für Wetterdienst beteiligten Stellen ließen sich, der noch zu geringen Zahl der Messungen halber, nicht zu einer Darstellung der *ungestörten* Abhängigkeit vom Luftkörper verarbeiten. Dasselbe gilt auch von nahezu allen übrigen vorhandenen Meßreihen, bei denen lokale Einflüsse nicht ausgeschaltet werden konnten. Ein näheres Eingehen auf alle diese Untersuchungen erübrigt sich daher. Über die entsprechenden Ergebnisse ihrer längeren Meßreihen in Bad Elster und Braunlage berichten E. FLACH und L. SCHULZ an anderer Stelle (S. 109 und S. 119) selbst. Allgemein ließ sich nur an den meisten Stationen wiederum eine Zunahme der Kernzahl bei kontinentalen Luftmassen gegenüber maritimen feststellen. Vereinzelte Ausnahmen erklären sich durch lokale Beeinflussung und haben daher keine überörtliche Bedeutung. So ist die höhere Kernzahl aller maritimen Luftkörper in Müncheberg (Dr. MÄDE) auf die bereits erwähnte Beeinflussung der Windrichtungen W bis S (s. S. 62) zurückzuführen. Ähnlich ist in St. Blasien (Dr. BUSSE) die Kernzahl bei maritimen Luftkörpern höher, da der dann häufigere Talwind tagsüber kernreichere Luft talauf transportiert.

Diese *lokale Beeinflussung* ist übrigens nicht nur von der Windrichtung abhängig. So zeigen polare und kontinentale Luftmassen häufig Neigung zu nächtlichem Aufklaren und damit zu Inversionsbildung, Stagnation und Erhöhung der Kernzahl in den Morgen- und Abendstunden. Die Alterung der Luftkörper muß hier besonders berücksichtigt werden. Bei den meist nur relativ schwach lokal gestörten PM-Luftkörpern wurden an der Bioklimatischen Forschungsstelle Friedrichroda (Leiter Dr. W. MÜLLER) bei insgesamt 160 Beobachtungen zwei Häufungsstellen gefunden. Die eine liegt bei rund 2500 Kernen/ccm und erfaßt frische, von NW hereinströmende PM-Luft, die andere dagegen liegt bei rund 6000 Kernen/ccm und erfaßt gealterte, aus W und WSW hereinströmende Luft (PM_1 oder PM_2). Der Mittelwert sagt in solchen Fällen gar nichts aus; zu seiner Prüfung ist daher bei allen größeren Meßreihen eine Häufigkeitsauszählung nach passend gewählten Intervallen notwendig. Hierbei sollten die gewählten Stufenwerte zweckmäßig nach einer Art Exponentialfunktion ansteigen, damit die Häufigkeiten nicht zu gering werden; dies gilt ähnlich auch für andere Kernzahluntersuchungen.

Die bisherigen Beobachtungen lassen mit ziemlicher Klarheit eines erkennen: Im Binnenland besteht eine primäre, eindeutige und überall gültige Beziehung zwischen Luftkörper bzw. Luftmasse und Kernzahl offenbar nicht; die Streuung der Einzelwerte ist zu groß. Nicht nur Herkunft und Stabilität der Luftmassen wandeln die Kernzahl ab, sondern die gesamte jüngere Lebensgeschichte, d. h. vor allem Länge und Zeitdauer des Landweges, Kondensationsvorgänge usw. Die *Kernzahl ist* daher *keine konservative, invariante Eigenschaft der Luftmasse,* sondern befindet sich in ständiger Wandlung. Daher finden sich meistens im Binnenland bei indifferenten, stationär gewordenen Luftkörpern die höchsten Kernzahlen. Mit Recht betont FINDEISEN [4]: Der Kerngehalt gibt meistens nur über die jüngste Vorgeschichte der Luftmassen Auskunft, nicht aber über ihre ursprüngliche Herkunft. Allgemein sind unter ungestörten Verhältnissen *kontinentale* Luftmassen merklich kernreicher als *maritime, tropische* Luftmassen kernreicher als *arktische, gealterte* Luftmassen kernreicher als *frische.* Die Ursachen für diese Unterschiede liegen zum Teil in der verschiedenen Stabilität der Luftmassen, zum Teil in ihrem Weg, d. h. in der Häufigkeit und Intensität der Kernquellen.

Die an der *Küste* von L. SCHULZ [1], von KÄHLER und ZEGULA, von VOIGTS und von NEUBERGER [3] gefundenen großen Unterschiede zwischen kontinentalen und maritimen Luftkörpern sind meistens nichts anderes als der bereits behandelte (S. 64) Unterschied zwischen Land- und Seewind. Die Feststellungen der Bioklimatischen Forschungsstelle Wyk auf Föhr (Dr. LEISTNER) deuten in die gleiche Richtung. Dabei betont NEUBERGER [3], daß hier die Windrichtung (bei Beachtung der vorhergegangenen Stunden!) ein besseres Kriterium darstellt als der Luftkörper. Genau wie über Land tritt offenbar auch über See relativ rasch, binnen wenigen Stunden, eine immerhin merkliche Abnahme der Kernzahl ein, die hier wohl auf Koagulation und Ausfallen der größeren Kerne infolge der Zunahme der Feuchtigkeit zurückzuführen ist. Diese relativ rasche Wandlung des Kernaerosols steht nicht im Widerspruch zu dem weitreichenden Einfluß lokaler Kernquellen, wenn man die Geschwindigkeit der Luftmassen in Betracht zieht.

Das Verhalten der *Kernzahl* bei *Luftkörperwechsel* (*Fronten*) ist nicht nur für den Meteorologen, sondern auch vom bioklimatischen Standpunkt aus von hohem Interesse. Bei den im Mittel vorhandenen Unterschieden in der Kernzahl der Luftmassen sowie der starken Streuung der Einzelwerte muß natürlich ein Luftmassenwechsel in den meisten Fällen eine Änderung der Kernzahl mit sich bringen.

An der Kurortklimakreisstelle St. Blasien (Meteorologe Dr. Busse) wurden die Änderungen der Kernzahl bei Luftmassenwechsel ausgezählt; ihr Verlauf war sehr ungleichsinnig (19mal Zunahme, 21mal Abnahme). Diese Feststellung sagt jedoch über das unmittelbare Verhalten beim Frontendurchgang selbst nichts aus.

Bei ungestörten Verhältnissen fanden Kähler und Zegula in Norderney allgemein ein *Ansteigen der Kernzahl während des Luftmassenwechsels.* Auf der Kalmit beobachtete Burckhardt einen raschen Anstieg der Kernzahl von 2800 auf 11000 im Laufe einer halben Stunde kurz vor dem Durchzug einer Warmfront. Von besonderem Interesse sind die an 7 Tagen auf der Zugspitze (Meteorologe Stud.-Ass. Hegnauer) beobachteten Änderungen der Kernzahl während eines Luftkörperwechsels (Tabelle 13).

Tabelle 13. Kernzahlen und Luftkörperwechsel auf der Zugspitze.

Tag	Kernzählungen					Luftkörperwechsel
6. 2. 37	80	740	160	160		Mr(W)—Mr(K)
9. 2. 37	300	430	350	150		Mr(W)—Mr(K)
10. 2. 37	190	210	110	80		M (K)—Mr(K)
15. 2. 37	80	(140)	190	210	160	M (W)—Mr
24. 2. 37	580	920	660			X —Mr
28. 2. 37	510	1610	170	470	210	T—M—PM
12. 3. 37	140	290	530	440		M—T

Hegnauer berichtet hierzu folgendes: „Soweit festgestellt werden konnte, erfolgt *kurz nach der Ablösung der alten Luftmasse ein markanter Anstieg,* der aber *bald wieder einer Abnahme der Kernzahlen* Platz macht, so daß etwa 2—3 Stunden nach dem Luftkörpereinbruch meist Werte unter dem Mittel auftreten. Am 10. 2. hat der eintretende Niederschlag eine Kernzahlerniedrigung verursacht. Die doppelte Stufe im Kerngehalt bei der doppelten Luftmassenablösung am 28. 2. ist recht eindrucksvoll. Die Art der vorhandenen bzw. ablösenden Luftkörper dürfte ohne Einfluß auf die Tatsache des Anstieges und nachherigen Abfalls sein. Quantitativ scheint an der Grenzzone mit wachsender Verschiedenheit der beiden Luftmassen die Unstetigkeit des Kerngehaltes zuzunehmen (28. 2).“ Es muß also hieraus auf eine Anreicherung von Kernen innerhalb der mehr oder weniger breiten Unstetigkeitsschicht geschlossen werden. Hierbei dürfte es sich wohl kaum nur um Vertikalbewegungen handeln, da an der Küste ebenfalls ein Anstieg der Zahlen beobachtet wurde. Es ist nicht ausgeschlossen, daß *luftelektrische Vorgänge an den Fronten,* wie sie mehrfach nachgewiesen wurden, hierbei eine Rolle spielen; bei dem besonders starken Anstieg am 28. 2. 37 auf der Zugspitze macht Hegnauer eine Störung des Potentialgefälles sehr wahrscheinlich, die zu einer Ionisierung und damit zu geladenen Kernen führte. Es scheint sich daher nicht in allen Fällen lediglich um eine Anreicherung der Kerne in der Übergangsschicht, sondern vielleicht auch um eine echte Neubildung zu handeln; das qualitative Verhalten der Kerne ist zur Zeit leider noch unbekannt. Auch an lokal stark gestörten Meßstellen, wie Frankfurt a. M., findet Israël [2] die höchsten Kernzahlen bei Mischluft, ähnlich wie auf der Zugspitze (vgl. Tabelle 10). Diese Tatsache ist um so auffallender, als Mischluft oft durch Kondensation und Nebelbildung ausgezeichnet ist, der Kerngehalt dadurch also noch erniedrigt wird (s. S. 74).

Die einige Zeit nach dem Frontdurchgang zu findende Erniedrigung der Kernzahl wird häufig beobachtet, besonders an Orten mit starker lokaler Kernerzeugung, wo ein markanter Luftkörperwechsel immer die verunreinigte Luft durch frischere, reinere ersetzt. Derartige Beobachtungen liegen mehrfach an der Kurortklimakreisstelle Oberstdorf i. A. (Dipl.-Ing. Obenland) vor, ebenso neuerdings (Juli 1938) an der Bioklimatischen Forschungsstelle Bad Elster (Dr. Flach); auch L. Schulz [1] beobachtete in Frankfurt a. M. ein starkes Absinken der Kernzahl bei einem Polarlufteinbruch.

7. Kernzahl und Luftfeuchtigkeit.

Die hervorragende Rolle, die die Kerne bei der Kondensation des in der Luft stets in gasförmigem Zustand vorhandenen Wasserdampfes spielen, läßt einen engen Zusammenhang zwischen der relativen Feuchtigkeit der Luft und der Kernzahl vermuten. Die vorhandenen zahlreichen Meßreihen zeigen jedoch teilweise sehr unregelmäßige, anscheinend sogar widersprechende Ergebnisse.

Schon Aitken [2—4] fand, daß bei gleichem Trübungsgrad der Luft bei großer Feuchtigkeit weniger Kerne vorhanden sind als bei geringerer Feuchtigkeit. Ebenso beobachtete auch Wigand [3] ein *gegenläufiges Verhalten von Kernzahl und relativer Feuchtigkeit* in der freien Atmosphäre und sucht die Erklärung dieser Tatsache in der *hygroskopischen Eigenschaft der verbreitetsten Kernsorten.* Gerade chemisch-hygroskopische Kerne lagern bereits bei ungesättigter Luft Wasserdampf an, wachsen und fallen dadurch schneller aus ihrer ursprünglichen Höhe herab. Da die an den Kernen wirksame Kondensation nach seinen Rechnungen keine merkbare Austrocknung der Luft hervorrufen kann, sieht also Wigand die Ursache für die erwähnte Gegenläufigkeit in dem Wachstum der Kerne mit steigender Feuchtigkeit. Je höher die relative Luftfeuchtigkeit ist, desto mehr Kerne wachsen durch ihre Hygroskopizität; sie erhalten eine größere Sinkgeschwindigkeit, fallen rascher aus und entgehen so der Messung. Auf die Verhältnisse im Stadium voller Kondensation muß noch ausführlich eingegangen werden.

Die *Abnahme der Kernzahl mit zunehmender relativer Feuchtigkeit* ist, wie auch Landsberg [6] feststellte, bei den meisten ungestörten Meßreihen einigermaßen erfüllt, soweit es sich um Kerne annähernd einheitlicher Entstehung handelt. Aus den Messungen der Carnegieexpedition ergibt sich (vgl. Tabelle bei Landsberg [6]) eine regelmäßige Abnahme der Kernzahl von 1600 im Intervall 60 bis 69% relativer Feuchte, bis zu 690 im Intervall 90—100%.

Ähnlich finden auch Nolan und Nolan [3] bei reinem Seewind in Irland eine Gegenläufigkeit von Kernzahl und relativer Feuchtigkeit. Auf dem Taunusobservatorium beobachtete Landsberg [2] im Winterhalbjahr die gleiche Erscheinung. Der Zusammenhang mit dem täglichen Gang — größte Kernzahl in den Mittagsstunden bei kleinster Feuchtigkeit — liegt klar. Die gleiche Gegenläufigkeit fand Landsberg [6] auch in seiner Meßreihe am State College in Pennsylvanien. Auch die Messungen von Amelung in Königstein i. Ts. ergaben (nach Landsberg [6]) eine eindeutige Abnahme der Kernzahl mit zunehmender Feuchtigkeit. Melander fand an seinen Meßplätzen, besonders an der typischen Wüstenstation Biskra, eine Zunahme der Kernzahl mit abnehmender Feuchtigkeit, die vor allem bei den ganz niedrigen Werten (unter 30%) ganz auffallend ist. Hieraus schließt MELANDER, daß die dort gefundenen Kerne hygroskopisch sind und von den weitverbreiteten Salzkrusten stammen.

Diese Abnahme der Kernzahl mit zunehmender relativer Feuchtigkeit konnte auch im Experiment von AMELUNG und LANDSBERG bestätigt werden. Ließ man durch Aufhängen feuchter Tücher die relative Feuchtigkeit im Zimmer innerhalb von 2 Stunden von 35% auf 85% anwachsen, so sank die Kernzahl von 19000 auf 8000.

Die Untersuchungen der Kurortklimakreisstelle Bad Salzuflen (Meteorologin Dr. SCHWANTES) und der Kurortklimakreisstelle Bad Warmbrunn (Meteorologin Dr. WEISS) ergaben übereinstimmend an allen Meßpunkten gleichfalls eine Abnahme der Kernzahl mit zunehmender relativer Feuchtigkeit. Eine Ausnahme bilden in Salzuflen nur die selten vorkommenden niedrigen Feuchtigkeiten unter 50%, bei denen zum Teil eine Zunahme festgestellt wurde. Über die gleichen Zusammenhänge bei ungestörten Verhältnissen in Braunlage i. H. berichtet L. SCHULZ selbst (s. S. 118). In Arosa fand GLAWION im Winter gleichfalls eine eindeutige Abnahme der Kernzahl mit wachsender Feuchtigkeit. Die Umkehr dieser Beziehung im Sommer führt er teils auf die starke Verminderung der Rauchgase zurück, vor allem jedoch auf den Herantransport sehr feuchter, verunreinigter Luft durch den im Sommer häufigen Talwind des „Churer Expresses".

Auf den *Bergobservatorien der Mittelgebirge* konnten an teilweise sehr umfangreichen Meßreihen keine derartig eindeutigen Zusammenhänge festgestellt werden, wie sie LANDSBERG [2] auf dem kleinen Feldberg i. Ts. fand. Wie Tabelle 14 beweist, sind die Verhältnisse erheblich komplizierter. Wohl existiert bei hohen

Tabelle 14. Kernzahl und relative Feuchtigkeit im Mittelgebirge.

Rel. Feuchte in %	Kalmit			Feldberg i. Schw.			Schneekoppe
	Sommer	Winter	Jahr	Sommer	Winter	Jahr	Winter
21—40	4230 (3)	930 (3)	2580 (6)	—	920 (2)	920 (2)	1580 (2)
41—50	5010 (5)	1180 (8)	2660 (13)	2780 (3)	1710 (5)	2110 (8)	2430 (1)
51—60	4250 (9)	1940 (13)	2880 (22)	2990 (7)	3280 (9)	3150 (16)	—
61—70	2970 (10)	2800 (10)	2880 (20)	3470 (11)	2570 (6)	3150 (17)	1820 (1)
71—80	3160 (18)	2300 (19)	2720 (37)	3290 (18)	2870 (12)	3110 (30)	3280 (2)
81—90	2820 (15)	2780 (33)	2800 (48)	3040 (15)	2730 (11)	2910 (26)	3320 (2)
91—95	1630 (4)	2540 (28)	2430 (32)	2460 (10)	2560 (6)	2500 (16)	2040 (8)
96—100	1930 (14)	2000 (128)	1990 (142)	2120 (16)	1820 (45)	1910 (61)	2020 (39)

Feuchtigkeiten eine deutliche Abnahme der Kernzahl mit wachsender Feuchtigkeit. Aber bei der großen Häufigkeit absteigender Luftbewegungen (freier Föhn) besonders im Winter, sinkt die Kernzahl auch bei geringen Feuchtigkeiten sehr stark ab und erreicht noch niedrigere Werte als bei Nebel. Besonders interessant sind in diesem Zusammenhang die bei den ziemlich umfangreichen Meßserien auf der Kalmit (Meteorologe BURCKHARDT, später Dr. GIESE) gefundenen Gegensätze zwischen Winter und Sommer. Während im Winter bei geringen Feuchtigkeiten sehr reine kernarme Luft aus der Höhe herabsinkt, transportiert im Sommer bei geringer Feuchtigkeit und hoher Temperatur der trotz Absinkens doch noch starke vertikale Austausch kernreiche Luft der Rheinebene bis in diese Höhe. Der entscheidende Gegensatz liegt also in dem Vorhandensein einer tieferen Sperrschicht im Winter begründet, die im Sommer zur Zeit der Messung

(11 Uhr) fehlt. Auf dem Feldberg i. Schw. (Meteorologe Stud.-Ass. Utzschneider) kommt es bei einer relativen Höhe von über 1200 m über der Ebene (Kalmit dagegen nur 570 m) auch im Sommer nicht zu einer merklichen Zunahme der Kernzahl bei sehr geringer Feuchte gegenüber dem Winter; hier ist entsprechend auch kein eindeutiger Tagesgang festzustellen (s. S. 66). Selbst die zahlenmäßig wenig umfangreichen Messungen auf der Schneekoppe (Meteorologe Dr. Rink) zeigen ein entsprechendes Verhalten: *Abnahme der Kernzahl sowohl bei sehr geringen wie bei sehr hohen Feuchtigkeiten.* Die Möglichkeit einer kausalen Beziehung zur Feuchtigkeit besteht offenbar nur bei der Abnahme der Kernzahl bei hoher Feuchtigkeit; die Abnahme bei sehr geringer Feuchtigkeit ist auf Absinken zurückzuführen, das sowohl kernarme Luft aus der Höhe herabbringt, wie auch die relative Feuchtigkeit durch dynamische Erwärmung herabsetzt. Die Realität dieser Ergebnisse wird erhärtet durch die Beobachtungen von V. F. Hess [2] und Schachl in Innsbruck und Umgebung. Während im Intervall zwischen 30 (bzw. 40) und 80% relativer Feuchte kein ausgeprägter Zusammenhang besteht, sinkt die Kernzahl sowohl bei sehr niedriger Feuchtigkeit (Föhn), als auch bei sehr hoher Feuchtigkeit (Kondensation) ab.

In *Großstädten* ist die Beziehung zwischen Kernzahl und relativer Feuchtigkeit sehr unübersichtlich. Das gilt sowohl für die Messungen von G. R. Wait in Washington, von Wright in Kew bei London (vgl. Landsberg [6]), als auch für die Untersuchungen von Israël [2] und L. Schulz [1] in Frankfurt a. M. Letztere stellten übereinstimmend eine *Zunahme der Kernzahl bei Feuchtigkeiten über 90*% und unter 30% fest, wobei diese Zunahme bei geringer Feuchtigkeit jedoch nur durch wenige Messungen belegt ist. Im Gegensatz zu der meist nur geringen Abhängigkeit der Kernzahl von der Feuchtigkeit stand hier die starke Zunahme der Großionen mit zunehmender Feuchte; Israël [2, 3] führt dies auf die bei hoher Feuchtigkeit begünstigte Anlagerung von Kleinionen an Kerne zurück. Offenbar handelt es sich in der Großstadt um ein Überwiegen von Kernsorten, die keine hygroskopischen Eigenschaften besitzen. Kähler [4] fand in Potsdam im Sommer eine eindeutige Abnahme der Kernzahl mit zunehmender Feuchtigkeit, dagegen im Winter sehr unregelmäßige Zusammenhänge.

An der *Küste* liegen die Dinge überraschenderweise zum Teil anders. So fand Bossolasco [2] eine scharfe positive Korrelation zwischen relativer Feuchtigkeit und Kernzahl. Ebenso beobachtete Neuberger [3] in Sylt eine *Zunahme der Kernzahl mit zunehmender Feuchtigkeit bei Seewind* und Pseudoseewind (Tabelle 15). Bei Landwind dagegen nimmt die Kernzahl oberhalb der Stufe 70—80% kräftig ab, was er indirekt auf eine Zunahme der Windstärke bei höheren Feuchtigkeiten und Landwind zurückführt. Kähler und Zegula finden dagegen in Norderney eine Abnahme der Kernzahl mit zunehmender Feuchtigkeit, ebenso wie es früher schon Lüdeling [2] in Misdroy festgestellt hatte. Besonders deutlich war diese Abnahme bei maritim arktischer Kaltluft, bei der am ersten ungestörte Verhältnisse zu erwarten sind (vgl. Tabelle 15), wenn auch die Zahl der Messungen recht gering ist. Der von ihnen festgestellte Gegensatz zu den Messungen auf dem Festland besteht in dem angenommenen Maße nicht, wie die oben angeführten ungestörten Meßreihen beweisen. In Großstädten wurde allerdings eine geringfügige Zunahme bei höherer relativer Feuchte festgestellt, wobei der Anteil nicht hygroskopischer Kerne besonders hoch sein dürfte. Die Schlußfolgerung von KÄHLER und ZEGULA, daß die Gegenläufigkeit von Kernzahl und relativer Feuchtigkeit eine Eigentümlichkeit „maritimer“ Kerne sei, während die Zahl der „kontinentalen“ Verbrennungskerne mit wachsender Feuchtigkeit zunähme, wird durch die übrigen Messungen an der Küste bei Seewind (NEUBERGER [3], BOSSOLASCO [2]) nicht gestützt. Auch die Messungen der Bioklimatischen Forschungsstelle Wyk auf Föhr (Dr. LEISTNER) haben allgemein eine schwache Zunahme der

Tabelle 15. Kernzahl und relative Feuchtigkeit an der Nordseeküste bei Seewind.

Relative Feuchte in %	Wyk auf Föhr		Sylt (NEUBERGER) [3]	Norderney (KÄHLER u. ZEGULA)	
	11 Uhr	17 Uhr		insgesamt	mAK
40—49	3430 (2)	—	—	—	—
50—59	2320 (4)	2230 (1)	620 (13)	5420 (8)	3300 (5)
60—69	2150 (21)	1940 (8)		3930 (15)	2640 (11)
70—79	2290 (22)	2630 (23)	1100 (25)	4720 (14)	1660 (6)
80—89	2440 (43)	3170 (13)	1300 (34)	4420 (9)	2390 (3)
90—100	2400 (37)	2330 (32)	1200 (35)	4270 (7)	

Kernzahl mit wachsender Feuchte bei reinem Seewind ergeben, wobei wie in den Messungen von NEUBERGER [3] über 90% eine Abnahme eintritt (vgl. Tabelle 15). Eine Nachprüfung der Wetterlage während der Meßreihen von KÄHLER und ZEGULA auf Norderney ergab, daß der Seewind dort immer wieder von kürzeren Landwindperioden unterbrochen war. Hieraus schließt LEISTNER, daß die von KÄHLER und ZEGULA gefundene Gegenläufigkeit von Kernzahl und Feuchtigkeit keine Eigenschaft „maritimer“ Kerne, sondern eine Folge des Witterungsverlaufes sei. Es darf jedoch nicht verschwiegen werden, daß auf der Carnegieexpedition auf offenem Ozean, wie bereits erwähnt (s. S. 70), ebenfalls eine eindeutig *negative* Korrelation zwischen Kernzahl und relativer Feuchtigkeit gefunden wurde. Die Verhältnisse sind gerade an der Küste noch nicht endgültig geklärt, wobei offenbar umfangreiche Meßreihen bei genauester Berücksichtigung der Wetterlage notwendig sind. Das an sich nicht unwahrscheinliche gegensätzliche Verhalten hygroskopischer und nichthygroskopischer Kerne bei wachsender relativer Feuchtigkeit ist durch die bisher vorliegenden Meßreihen noch nicht sichergestellt. Aus allen Messungen an der Küste (s. Tabelle 15) geht jedoch eine geringe Abnahme der Kernzahl im Intervall 90—100%, also kurz vor dem Stadium voller Kondensation, hervor, was wohl nach WIGAND auf die Hygroskopizität der „maritimen“ Kerne zurückzuführen ist.

Bei verschiedenen Meßreihen (so bei LANDSBERG [2] auf dem Taunusobservatorium, und LANDSBERG [6] am State College, V. F. HESS [2] in Lans sowie auch auf dem Kalmit-Observatorium, s. Tabelle 14, u. a.) fiel übereinstimmend die Stufe 60—70% durch etwas zu geringe Werte heraus. Auch in anderen Reihen existiert etwa bei 70% eine Unstetigkeit, die wohl nicht ohne weiteres als zufällig angesehen werden darf. Obwohl man heute (vgl. auch LANDSBERG [6]) keine Erklärung zu geben vermag, so darf doch darauf hingewiesen werden, daß FLACH [1] bei seinen luftelektrischen Untersuchungen eine gleiche Unstetigkeit u. a. im Verhältnis der positiven und negativen Ionen fand, die ebenfalls etwa bei 70% relativer Feuchte liegt. Es wäre noch zu prüfen, ob ein innerer Zusammenhang dieser Erscheinungen besteht. Unter Umständen spielen hier Vorgänge im täglichen

Gang der meteorologischen Verhältnisse eine Rolle, die mit dem Auftreten bestimmter Feuchtigkeitsgrade verknüpft sind.

Zusammenfassend kann gesagt werden, daß unter lokal ungestörten Verhältnissen, bei einigermaßen einheitlicher Kerngröße und Beschaffenheit (LANDSBERG [6]) mit wachsender relativer Feuchtigkeit die Kernzahl meistens abnimmt. Diese Abnahme ist auf das Anwachsen hygroskopischer Kerne durch Kondensation von Wasserdampf aus ungesättigter Luft zurückzuführen; hierdurch nimmt die Fallgeschwindigkeit sowie die Koagulation zu. Es muß allerdings erwähnt werden, daß die Zunahme der Sinkgeschwindigkeit bei numerischer Nachprüfung nicht zur Erklärung der Abnahme der Kernzahl ausreicht. Die bei sehr geringen Feuchtigkeiten im Gebirge festgestellte Abnahme der Kernzahl mit sinkender Feuchtigkeit ist auf dynamisches Absinken zurückzuführen. In Großstädten usw. hängen die offenbar vielfach nicht hygroskopischen Verbrennungskerne nicht eindeutig mit der Feuchte zusammen. Die mehrfach beobachtete Zunahme der Kernzahl mit wachsender relativer Feuchtigkeit an der Küste im Gegensatz zum freien Ozean ist in ihren Ursachen noch ungeklärt. Ein eindeutiger, überall gültiger Zusammenhang besteht also nicht, da *anscheinend hygroskopische und andere Kerne sich verschieden verhalten.*

Bei *Eintritt der Kondensation* werden nun, wie bereits eingehend geschildert (s. S. 24), die am stärksten hygroskopischen Kerne zur Vollkondensation des Wasserdampfes benutzt. Die Kernzahl nimmt bei Nebel- und Wolkenbildung ab. Diese Erscheinung wird allgemein beobachtet, u. a. von VOIGTS in Travemünde, von GLAWION in Arosa, von BURCKHARDT auf der Kalmit, ebenso auch bei den übrigen Bergobservatorien des Reichsamts für Wetterdienst (vgl. Tabelle 14) und an der Kurortklimakreisstelle Bad Salzuflen (Meteorologin Dr. SCHWANTES). Wolkenelemente werden im Kernzähler nicht mehr erfaßt; sie schlagen sich nach BRAAK und BOSSOLASCO [2] infolge ihrer relativ großen Fallgeschwindigkeit schon vor Beginn der Messung an den Wänden des Kernzählers, am Rührflügel usw. nieder. Die trotzdem noch hohen Kernzahlen in Nebel und Wolken sind verständlich, wenn man bedenkt, daß nach LANDSBERG [6] schon 300—500 Kerne, nach FINDEISEN [4] schon 50 Kerne im ccm zur Kondensation genügen. Die übrigen, schwächer hygroskopischen Kerne bleiben erhalten; sie spielen für die Kondensation bei den in der Atmosphäre praktisch vorkommenden niedrigen Übersättigungen keine Rolle und werden nur bei der hohen Übersättigung im Kernzähler mit erfaßt. Die mögliche Unterscheidung verschiedener Kondensationsarten mittels Kernzählungen wurde bereits näher erörtert (s. S. 18). Daß in Großstädten, wie in Dublin (BOYLAN), eine Erhöhung der Kernzahl bei Nebel beobachtet werden kann, ist auf die nicht seltenen stabilen Inversionslagen sowie auch die meist geringe Windgeschwindigkeit zurückzuführen, wobei die kernzahlvermindernde Wirkung der Kondensation durch Produktion und geringen Austausch in ihrer Wirkung aufgehoben wird. Die Anreicherung bzw. Neubildung von Kernen in nebliger Mischluft wurde bereits erwähnt (s. S. 69). So hat auch AITKEN (nach LANDSBERG [6]) auf einem Berggipfel bei Nebeltreiben eine mittlere Kernzahl von 1050 im wolkenfreien Raum, von 2800 im Innern der Wolke gefunden. Die *Abnahme der Kernzahl durch Kondensation* (Nebel- bzw. Wolkenbildung) ist also ziemlich *geringfügig* und *kann durch entgegengesetzte Einflüsse* (starke Produktion bei geringem Austausch, Vertikalbewegungen) völlig *unterdrückt werden.*

Die Beziehungen des Kerngehaltes zu den Niederschlägen werden noch an anderer Stelle (s. S. 81) eingehend behandelt werden.

Verschiedentlich sind auch die Beziehungen zwischen Kernzahl und *absoluter Feuchtigkeit* untersucht worden. Die Ergebnisse haben in keinem Falle eine besondere Bedeutung erlangt; sowohl NOLAN und NOLAN [2, 3] in Irland als NEUBERGER [3] auf Sylt, ISRAËL [2] in Frankfurt und V. F. HESS [2] im Innsbrucker Mittelgebirge finden keine eindeutige Beziehung. Mit Recht weisen ISRAËL [2], V. F. HESS [2] und SCHACHL darauf hin, daß es sich um einen vorgetäuschten Effekt handeln dürfte. Bei hohen absoluten Feuchtigkeiten wird die Kernarmut durch Kondensation (also Sättigung) bzw. Niederschläge (s. S. 81) verursacht, bei niedrigen absoluten Feuchtigkeiten wirkt der Föhn in gleicher Richtung, und die Abhängigkeit des Dampfdruckes von der Temperatur läßt auch den Jahresgang der Kernzahl dabei mitwirken. *Die gefundenen*, meist recht vieldeutigen *Zusammenhänge sind daher nur als indirekte aufzufassen.*

An den Kurortklimakreisstellen Bad Salzuflen (Dr. SCHWANTES) und Bad Warmbrunn (Dr. WEISS) sind Untersuchungen über diese Beziehung angestellt worden. In Bad Warmbrunn ergaben zwar die ersten Meßreihen im Winter eine gewisse Abnahme der Kernzahl mit steigendem Dampfdruck, was übrigens auch LANDSBERG [6] aus den vorliegenden Beobachtungsreihen schließt. Aber die im Sommer durchgeführten Meßreihen ließen klar erkennen, daß die Abhängigkeit vom Dampfdruck nur vorgetäuscht war, während tatsächlich die Beziehungen zur *Luftmassenverteilung* maßgebend waren. Da Luftmassen auch in Bodennähe sich vielfach durch typische Dampfdruckwerte auszeichnen, ist dieser indirekte Zusammenhang durchaus verständlich. Die in Bad Salzuflen an verschiedenen Meßpunkten (Abb. 8, S. 43) durchgeführten Meßreihen sollen hier in Tabelle 16 wegen ihres Umfanges (Zahl der Messungen in Klammern) wiedergegeben werden. Eine direkte kausale Beziehung ist auch hier nicht gegeben, und die im Intervall 7,6—10,0 g/cbm gefundene Unstetigkeit ist auf irgendwelche, nicht näher zu ermittelnde indirekte Beziehungen zurückzuführen.

Tabelle 16. Kernzahl und absolute Feuchtigkeit in Bad Salzuflen.

Meßpunkt	2,0—5,0	5,1—7,5	7,6—10,0	10,1—12,5	12,6—15,5 g/cbm
I	16300 (21)	14700 (44)	13760 (44)	11820 (42)	15990 (15)
II	13700 (27)	13880 (49)	13620 (46)	10780 (44)	9750 (15)
III	14990 (27)	15450 (49)	15390 (46)	11380 (43)	10790 (15)
IV	15580 (21)	15700 (33)	18690 (21)	14820 (13)	14420 (3)
V	12700 (28)	11620 (47)	12070 (40)	9990 (25)	9200 (8)
VI	11910 (19)	10140 (31)	12090 (21)	10430 (13)	9230 (3)
VII	9710 (18)	9110 (30)	10940 (20)	8610 (13)	7290 (3)
VIII	14180 (15)	10660 (25)	13120 (17)	11270 (12)	7900 (4)
IX	15400 (9)	13910 (22)	17560 (16)	15710 (12)	16060 (4)

8. Kernzahl und Sicht.

Die Sichtweite in einem *trüben Medium*, wie es die Atmosphäre darstellt, hängt naturgemäß von Zahl und Art der trübenden Teilchen des Aerosols ab. Die Entdeckung der Kondensationskerne legte schon gleich den Gedanken nahe, in der *Kernzahl ein Maß für die atmosphärische Trübung* zu bekommen. So fand bereits AITKEN (nach WIGAND [3]) bei gleichbleibender Feuchtigkeit ein ungefähr konstantes Produkt aus Kernzahl und Sichtweite. Die Schwankungen dieses Produktes haben ihre Ursache einmal in der unzuverlässigen Bestimmung der Lufttrübung durch die Sichtweite, zum anderen in der Vernachlässigung der verschiedenen Beleuchtung durch die Sonne. AITKEN nahm an, daß das Produkt aus Kernzahl und Sichtweite der psychrometrischen Differenz etwa proportional sein soll.

Dieser Frage hat WIGAND [3] 1919 eine nähere Untersuchung gewidmet. Er definiert zunächst den optischen Trübungsgrad der Luft als die Abdeckung des Sichtzieles durch die in der Luft enthaltenen Kerne. Die Abdeckung A ist das Verhältnis der abgedeckten zur frei bleibenden Zielfläche und ist daher proportional der Entfernung l des Zieles, der Kernzahl K und der Projektion der Kerne auf die Zielfläche, d. h. dem Quadrat des Kernradius r.

$$A_l = \text{prop.}\, l \cdot K \cdot r^2 .$$

Die Sicht S wird nun definiert als der reziproke Wert des Trübungsgrades für die Einheit der Entfernung:

$$S = \frac{l}{A_l} = \text{prop.}\, \frac{1}{K \cdot r^2} .$$

Die Sicht wird mit dem Sichtmesser als diejenige Entfernung in Kilometer gemessen, auf der die jeweilige Lufttrübung den willkürlich festgelegten Trübungsgrad 1 des Sichtmessers hat, und ist der Sichtweite S' proportional.

Für den Radius r hygroskopischer Kerne findet WIGAND nun aus Betrachtungen des Gleichgewichtes von Verdampfung und Kondensation

$$r = \sqrt[3]{\frac{h}{\frac{4}{3}\pi (E - e)}} .$$

Hierbei ist h der Betrag der Dampfdruckerniedrigung hygroskopischer Substanzen für einen Tropfen vom Volumen 1, e der tatsächlich vorhandene Dampfdruck und E der zugehörige Sättigungsdampfdruck. Setzt man nun diesen Wert für r in die Formel der Sichtweite ein, so ergibt sich die nach WIGAND benannte *Formel* der Beziehung zwischen Kernzahl und Sichtweite:

$$K \cdot S' = \text{const.} \cdot (E - e)^{\frac{2}{3}} ,$$

d. h. Kernzahl und Sättigungsdefizit der Luft bestimmen zusammen die Sichtweite. Diese Beziehung gilt jedoch, wie ihre Ableitung beweist, nur für hygroskopische Kerne einheitlicher Entstehung, d. h. einheitlicher chemischer Zusammensetzung. Bereits in der gleichen Arbeit erwähnt WIGAND [3] das Vorhandensein von Lufttrübungen, deren mechanische Elemente nicht Kondensationskerne sind, sondern kondensations-unwirksamer Staub. Auch optische Inhomogenitäten (Schlierenbildung) können dunstartige Trübungen erzeugen. Nur in Dunstschichten, die aus hygroskopischen Kernen bestehen, kann obengenannte Beziehung zwischen Sichtweite (bzw. Intensität des Dunstes), Kerngehalt und Sättigungsdefizit auftreten. Hiermit hat WIGAND bereits die nur beschränkte Gültigkeit seiner Formel betont, die heute, nachdem die Verschiedenheit der Kernquellen sowie der geringe Anteil hygroskopischer Meereskerne am Gesamtkerngehalt feststeht, nur noch historische Bedeutung besitzt.

Auf die theoretischen Bedenken gegen die WIGANDsche Formel und das Sichtproblem an sich kann hier nicht näher eingegangen werden. NEUBERGER [3] weist besonders darauf hin, daß die Kerne im Sehstrahl keine Abdeckung, sondern eine diffuse Zerstreuung bewirken. Die Sicht wird also hauptsächlich durch Aufhellung, durch „*Luftlicht*" beeinträchtigt. Außerdem ist die Kerngröße nicht allein von der Feuchtigkeit abhängig; der Anteil verschiedener Kerngrößen an der Gesamtkernzahl variiert wahrscheinlich von Fall zu Fall. So ist es verständlich, wenn NEUBERGER selbst unter völlig ungestörten Verhältnissen bei reinem Seewind Werte der „Konstanten" K der Formel zwischen 40 und 1500 fand. Ebenso hatten frühere Versuche von JENRICH, STOYE und V. F. HESS [2] zur Klärung der Zusammenhänge und Prüfung der Formel nur geringen Erfolg.

Bei reinem Seewind, d. h. maximalem Anteil hygroskopischer Salzkerne an der Gesamtkernzahl, findet man jedenfalls allgemein eine *Abnahme der Kernzahl mit steigender Sichtweite*, so daß immerhin die Richtung der Beziehung gesichert ist. Dies ergibt sich übereinstimmend aus den Angaben von V. F. HESS [1] und MATHIAS auf Helgoland sowie von SCHOLZ [3] und NEUBERGER [3] auf Sylt; ebenso urteilt auch LANDSBERG [6] nach Zusammenstellung aller zugänglichen Ergebnisse. An der Bioklimatischen Forschungsstelle Wyk auf Föhr (Dr. LEISTNER) wurde ebenfalls bei Seewind eine eindeutige Abnahme der Kernzahl mit steigender Sichtweite festgestellt; die mittlere Kernzahl sank von 2900 bei Sichtweite 5 (2—4 km) bis auf 1800 bei Sichtweite 9 (über 50 km). Bei Landwind brachten die (allerdings offenbar zu wenig umfangreichen) Messungen ein ähnliches Ergebnis. Dagegen fand NEUBERGER [3] bei Landwind und Pseudoseewind eine Zunahme der Kernzahl mit zunehmender Sicht (ähnlich auch FLACH in Bad Elster, s. S. 102), die er auf die Besonderheit der Landluft bezüglich Herkunft und Art der Kerne sowie den Anteil nichthygroskopischen Staubes zurückführt.

Aus den Ergebnissen von LEISTNER in Wyk auf Föhr und NEUBERGER auf Sylt ergibt sich jedenfalls übereinstimmend, daß bei Seewind maximale Sichtweite im allgemeinen bei geringster Kernzahl und kleinster relativer Feuchtigkeit vorkommt. Die Wiedergabe der Ergebnisse ist unangebracht, da leider die von den einzelnen Verfassern gewählten Sichtstufen nicht übereinstimmen. Eine feinere Unterteilung der Sichtstufen zeitigt Unregelmäßigkeiten, die sich wegen der Abnahme der Anzahl der Einzelwerte mehr und mehr steigern. Für den Einzelfall gilt also, was eigentlich nicht besonders erwähnt zu werden braucht, nicht immer ein eindeutiger Zusammenhang zwischen Kernzahl, Luftfeuchtigkeit und Sicht. Im Mittel jedoch scheinen sich bei rein maritimer Luft alle Sondereinflüsse (Verschiedenheit der Kerngrößen, Größenspektrum des Gesamtkerngehaltes, vielleicht auch luftelektrische Einflüsse) recht gut zu kompensieren. An der Ostseeküste findet VOIGTS in Travemünde allgemein Abnahme der Kernzahl mit Besserung der Sicht; aber selbst bei Sichtweiten von über 50 km konnten noch hohe Kernzahlen beobachtet werden. Auf dem Ozean traf KNOCHE die höchsten Kernzahlen bei diesigem Wetter an.

NEUBERGER [3] versucht nun, an Stelle der als unhaltbar erkannten WIGANDschen Formel den mittleren *scheinbaren* Zusammenhang zwischen Kernzahl, Kerngröße, relativer Feuchte und Sicht zu beschreiben. Hierbei ergaben sich als sicherste Annahmen: 1. Die Kerngröße ist proportional der relativen Feuchtigkeit, aber umgekehrt proportional der Kernzahl. 2. Die Sicht ist umgekehrt proportional dem Produkt aus Kernzahl und Kernquerschnitt. Auch diese Sätze gelten nur bei reiner Seeluft, d. h. für hygroskopische Salzkerne. Die Erklärung der Sicht bzw. des optischen Trübungsgrades der Atmosphäre selbst ist damit noch nicht gegeben, da das Zusammenspiel von Absorption und diffuser Zerstreuung physikalisch offenbar nocht nicht einwandfrei geklärt ist.

Im *Binnenlande* sind die Beziehungen auch in ihrer Richtung nicht eindeutig. So fand W. SCHMIDT in Wien eine Gegenläufigkeit von Sichtweite und Kernzahl nur bei den durch Stadteinfluß gestörten Windrichtungen; allerdings wurde hierbei die Sicht in der Windrichtung bestimmt. Da der tägliche Gang von Kernzahl und Sicht jedoch vormittags ganz parallel läuft (Zunahme von Sichtweite und Kernzahl), so schließt er daraus und aus dem entgegengesetzten Befund von AITKEN (s. S. 76), daß die über der Stadt gebildeten Kondensationskerne wesentlich anderer Art sind als die vom freien Lande. Das ist wohl der erste Hinweis auf die Bedeutung *verschiedener Kernqualität.*

Die gleiche Erkenntnis folgert auch aus den Untersuchungen von V. F. HESS [1] auf Helgoland. Hier fällt die größte Sichtweite allgemein mit größter Lebensdauer der Kleinionen, also auch mit kleinster Kernzahl zusammen. Bei den größten Sichtweiten sind aber die Werte der Lebensdauer der Kleinionen für Landwind kleiner als für Seewind; entsprechend muß bei den bekannten umgekehrten Zusammenhängen zwischen Lebensdauer der Kleinionen und ihrer Anlagerungsmöglichkeit an Kerne der Kerngehalt größer sein, was — von einzelnen Ausnahmen abgesehen — auch zutrifft (s. S. 34). Eine gleiche Kernzahl setzt also bei Seewind die Sichtweite stärker herab als bei Landwind; die kernbildenden Bestandteile der Seeluft beeinträchtigen demnach die Sichtweite verhältnismäßig stärker als die der Landluft. Dies Ergebnis kann auf die Hygroskopizität der maritimen Salzkerne und ihr Anwachsen im Vorkondensationsstadium zurückgeführt werden.

Aus den Untersuchungen von KÖHLER [1, 2] geht hervor, daß die hygroskopischen Salzkerne mit zunehmender Feuchtigkeit wachsen, genau wie es WIGAND [3] theoretisch annahm. JUNGE [1] fand, daß die experimentell an Gasflammenionen festgestellten Kurven des Wachstums der Tröpfchen mit zunehmender Feuchtigkeit mit der Kurve der gegenseitigen Abhängigkeit von Sicht und Feuchtigkeit gut übereinstimmen. Da jedoch wasserunlösliche — weder flüssige noch hygroskopische — Kerne sicher vorhanden sind (z. B. die experimentell erzeugten Nernststiftionen), so zeigen diese kein Wachstum mit der Feuchtigkeit und beeinflussen daher auch die Sichtweite bei gleicher Feuchtigkeit weniger als die Salzkerne. Hieraus erhellt auch rein experimentell das verschiedene Verhalten der Sichtweite zum Kerngehalt der Luft bei Landwind und Seewind. Obwohl also die Kerne durch ihre unter der Wellenlänge des Lichtes liegende Größe direkt nicht sichtbar sind, gelingt es doch verschiedenen Forschern, ziemlich unabhängig voneinander nachzuweisen, daß es *verschiedene Kernarten* gibt, die sich physikalisch-meteorologisch verschieden verhalten. Die im Kernzähler erfaßte Gesamtkernzahl ist also nicht einheitlicher Natur, sondern ein *heterogenes Gemenge.* Dieses Ergebnis erweist sich bereits heute als von grundsätzlicher Bedeutung.

Während bei rein maritimer, unbeeinflußter Luft wenigstens die Richtung der Beziehung zwischen Sicht und Kernzahl einigermaßen feststeht, ist dies im Binnenland nicht mehr der Fall. Eine Gegenläufigkeit von Sicht und Kernzahl fand außer W. SCHMIDT in Wien u. a. auch ISRAËL [2] in Frankfurt. An der Bioklimatischen Forschungsstelle Friedrichroda (Leiter Dr. MÜLLER) wurden bei guter Sicht meist kleine und mittlere Kernzahlen gefunden, doch nicht ausnahmslos. Öfter zeigen sich zwei Häufigkeitsmaxima, ohne daß diese heute schon vernünftig begründet werden könnten. Auch auf dem Observatorium Kalmit (BURCKHARDT, Dr. GIESE) fielen gute Sichtverhältnisse meist auf Tage mit geringem Kerngehalt.

Bei recht zahlreichen Beobachtungen findet man aber im Gegensatz hierzu bei verbesserter Sicht überraschenderweise höhere Kernzahlen. An den Kurortklimakreisstellen Bad Salzuflen (Dr. SCHWANTES) und Bad Warmbrunn (Dr. WEISS) fand sich ziemlich regelmäßig eine Zunahme der Kernzahl mit steigender Sichtweite. In Bad Warmbrunn zeigte sich hierbei ein Zusammenhang mit der Luftmasse, so daß die kernreichsten Luftmassen auch die höchste Sicht aufweisen. Über die gleichen Befunde in Braunlage berichtet L. SCHULZ (s. S. 118) noch besonders. Ebenso trafen V. F. HESS [2] im Innsbrucker Mittelgebirge, SCHACHL im Hochgebirge hohe Kernzahlen bei großen Sichtweiten an. In State College (Pennsylvanien) ist im Winter ebenfalls eine Zunahme der Kernzahl mit der Sicht vorhanden, während im Sommer die Verhältnisse „regulär", d. h. entgegengesetzt liegen. LANDSBERG [6] führt dies auf die Inhomogenität des Kernspektrums durch die Heizung und die rasch wechselnden Feuchtigkeitsverhältnisse zurück. Auch auf dem Taunusobservatorium traf LANDSBERG [1] auf die gleiche Erscheinung. Nach seiner Erklärung geht diese hier auf die Tatsache zurück, daß die Sehstrahlen nach den tiefer gelegenen Sichtmarken schräg nach abwärts führen; je stärker der Dunst der Ebene durchmischt wird, desto klarer ist die Sicht, desto mehr Kerne werden aber auch in der Höhe gemessen. Diese Erklärung trifft aber sicher nur einen Teil des Problems. Mit Recht weisen V. F. HESS [2] und SCHACHL auf die Bedeutung von Nebelelementen im Vorkondensationsstadium, gröberem Staub und optischen Inhomogenitäten für die Sicht hin. GLAWION findet in Arosa nur eine geringfügige Erhöhung der Kernzahl bei Dunst (und Nebel), dagegen eine starke Erhöhung der Staubzahl. In gleicher Weise zu deuten sind die Messungen des Observatoriums Zugspitze (Meteorologe Stud.-Ass. DEGEL) während des großen Staubfalles am 21. 5. 1937. Bei maximaler Sicht von nur 18 km wurden nur 260 bzw. 290 Kerne gezählt, während nach Einsetzen von Nebel und Schneefall große Mengen gelben Staubes niedergeschlagen wurden, dessen Teilchen zum Teil mit bloßem Auge sichtbar waren.

Die trübenden Teilchen bei geringer Sicht sind also oft zu grob, als daß sie vom Kernzähler erfaßt werden könnten. Optische Inhomogenitäten (Schlierenbildung bei Konvektionswetter usw.) lassen sich auf diese Weise natürlich überhaupt nicht erfassen. Hinzu tritt noch, daß die am Ort gemessene Kernzahl bei ihrer hohen lokalen Veränderlichkeit ja gar nicht für den ganzen Raum zwischen Beobachter und Sichtziel zutrifft; das darf höchstens für die freie See oder reine Horizontalsicht im Hochgebirge angenommen werden. Gerade bei antizyklonaler Witterung mit geringem Vertikalaustausch dürften die lokalen Änderungen der Kernzahl größer sein als bei starken, turbulenten Strömungen; die am Ort (vielfach unter Siedlungseinfluß) gemessene Kernzahl ist dann naturgemäß nicht für die ganze Länge des Sehstrahles repräsentativ.

Zusammenfassend läßt sich feststellen, daß die von AITKEN angedeutete, von WIGAND näher untersuchte Beziehung zwischen Kernzahl, Feuchtigkeitsgehalt der Luft und Sichtweite für reine Seeluft wenigstens in ihrer Richtung zutrifft; Kernzahl und Sichtweite verhalten sich gegenläufig. Im Binnenland besteht jedoch keinesfalls eine eindeutige Beziehung dieser Art; das verschiedene physikalische Verhalten einzelner Kernsorten, ihre starken lokalen Unterschiede nach Art, Größe und Zahl und die Anwesenheit anderer trübender Faktoren (gröberer Staub, Schlierenbildung usw.) ist die Ursache der oft entgegengesetzten Befunde. Die Diskussion dieser Beziehung führte zu der außerordentlich weittragenden Erkenntnis, daß die im Kernzähler erfaßte Kernzahl ein Gemenge gänzlich heterogener Elemente darstellt.

9. Kernzahl und andere meteorologische Elemente.

Die Beziehungen der Kernzahl zu anderen meteorologischen Elementen können teilweise recht kurz gefaßt werden, da es sich nur selten um solche ursächlicher Art handelt.

Ein direkter Einfluß der *Temperatur* dürfte kaum bestehen. Zwar findet V. F. Hess [2] bei Innsbruck höchste Kernzahlen bei mittleren Temperaturen und führt die Abnahme bei höheren Temperaturen nicht nur auf Föhn zurück. Ähnlich stellen Nolan und Nolan in Irland zunächst [2] ein leichtes Ansteigen der Kernzahl mit steigender Temperatur fest, das sie allerdings später [3] nur noch für eine bestimmte Temperaturstufe wiederfinden. McLaughlin [1, 2] in Paris und Israël [2] in Frankfurt a. M. finden dagegen eine Abnahme der Kernzahl mit steigender Temperatur. Doch sind hinter dieser Beziehung Einflüsse des jährlichen Ganges und anderer Faktoren versteckt.

Wigand [3] weist darauf hin, daß die Fallgeschwindigkeit der Kerne nach der Formel von Stokes-Kirchhoff von der *Luftdichte* und damit von Temperatur und Luftdruck abhängig ist. Kerne gleicher Größe fallen schneller bei geringerer Luftdichte, also höherer Temperatur oder geringerem Luftdruck. Dies mag eine Rolle spielen bei der Anreicherung der Kerne an Inversionen und Isothermien der freien Atmosphäre, tritt aber sonst sicher zurück gegenüber dem Anwachsen der hygroskopischen Kerne im und vor dem Stadium der Kondensation, besonders wenn man die an sich schon minimale Fallgeschwindigkeit der Kerne berücksichtigt.

Ein anderweitiger Einfluß des *Luftdrucks* selbst konnte weder von W. Schmidt in Wien noch von V. F. Hess [2] bei Innsbruck festgestellt werden. Letzterer findet jedoch bei gleichbleibendem Luftdruck die höchsten Kernzahlen, bei fallendem Luftdruck etwas niedrigere, bei steigendem Luftdruck stark erniedrigte Kernzahlen. Diese Beziehung ist insoweit einfach zu deuten, als bei gleichbleibendem Luftdruck sich häufig Neigung zur Stagnation und damit zur Anreicherung von Kernen einstellt. Überraschenderweise fand Linke [4] neuestens bei Untersuchungen in einer Klimakammer, daß die Kernzahl auf ein Zehntel des Normalwertes sank, sobald der Luftdruck durch Auspumpen auf die Hälfte erniedrigt wurde. Er hält jedoch eine mehrfache Nachprüfung dieses in seiner Ursache noch ungeklärten Befundes für notwendig.

Eine Beziehung zwischen der *Einstrahlung* und der Kernzahl ist zuerst von Jenrich vermutet worden, der den parallelen Gang von Insolation und Kernzahl auf direkte Kernproduktion durch die Sonnenstrahlung zurückführt. Da aber der allein (durch Ionisation) unmittelbar kernbildende kurzwellige UV.-

Anteil in der Atmosphäre stark absorbiert wird, dürfte dieser Einfluß nicht wesentlich ins Gewicht fallen. Die strahlungsabsorbierende Wirkung kernreicher Luft ist von LANDSBERG [6] neuerdings an Hand eigener UV.-Messungen betont worden; ihre bioklimatische Bedeutung muß noch näher erörtert werden. So finden auch MATHIAS und NEUBERGER [3] keine wahrnehmbare Erhöhung der Kernzahl durch Insolation auf Helgoland und Sylt. Eine solche könnte nach NEUBERGER nur erklärt werden als eine Hebung von Verdunstungsprodukten infolge der Wirkung der Konvektion. Über eine unmittelbare Erzeugung oder doch ein Freiwerden von Kernen *aus dem Boden* bzw. der Bodenluft unter dem Einfluß der Sonnenstrahlung berichtet L. SCHULZ (s. S. 115) selbst; diese grundsätzlich wichtige Beobachtung verdient noch weiter untersucht zu werden. V. F. HESS [2] hat an heiteren Vormittagen mit starkem *Tau* gleichzeitig Luftproben aus 2 m Höhe und unmittelbar über den Grashalmen untersucht und keine wesentlichen Unterschiede im Kerngehalt gefunden.

Eine Wirkung der *Bewölkung* besteht insofern, als die Konvektion an heiteren Tagen entscheidenden Einfluß auf den täglichen Gang des Kerngehalts ausübt (vgl. Abb. 9, S. 53). Es ist daher verständlich, wenn LANDSBERG [1] auf dem Kleinen Feldberg i. Taunus im Winterhalbjahr im Mittel an heiteren Tagen 13800 Kerne, an trüben Tagen 3800 findet; an heiteren Tagen werden diese Hochregionen noch in den Bereich der täglichen Konvektion der Ebene einbezogen, an trüben Tagen jedoch nicht. Die Bewölkung beeinflußt aber auch direkt die Kernzahlen durch die mit ihr verbundenen Vertikalbewegungen. Wenn AITKEN (s. S. 74) bei Nebeltreiben im Wolkeninnern höhere Kernzahlen als im Zwischenraum findet, so ist das sehr wahrscheinlich eine Folge der Vertikalbewegungen, die mit der Entstehung von Wolken verknüpft sind. Hierbei ist Wolkenbildung mit aufwärts gerichteten, Wolkenauflösung mit abwärts gerichteten Strömungen verbunden. Auch die bereits (s. S. 25) erwähnte Erhöhung der Kernzahl auf der Zugspitze beim Vorüberzug einer Altocumulusbank über dem Gipfel muß wohl auf die wolkenbildende aufsteigende Luftströmung unterhalb der Bank zurückgeführt werden.

Die Beziehungen zwischen *Niederschlag* und Kernzahl sind durch zwei in ihrer Wirkung entgegengesetzte Effekte gekennzeichnet. Einmal ist der Niederschlag natürlich geeignet, die durchfallenen Luftschichten auszuwaschen, d. h. einen Teil ihres Kerngehalts zu koagulieren und auszufällen. Auch durch Mitreißen kernärmerer höherer Luftschichten (WIGAND [3]) entsteht eine *Verminderung* der Kernzahl in bodennahen Schichten. Diese Einflüsse treten klar zutage in den Beobachtungen von W. SCHMIDT in Wien, von WIGAND [5] auf dem freien Ozean, von NOLAN und NOLAN [3] in Irland, von V. F. HESS [2] und SCHACHL bei Innsbruck, von GLAWION in Arosa, von THELLIER (nach LANDSBERG [6]) in Paris, aber auch schon in älteren Untersuchungen von AITKEN (nach HESS [2]). An der Kurortklimakreisstelle Allgäu in Oberstdorf i. A. fand OBENLAND im Mittel eine Erniedrigung der Kernzahl bei Regen von 19600 auf 12300, bei Schneefall von 21400 auf 17100. Er schließt aus der mit der Wirkung des Niederschlags parallelgehenden Verringerung der Kernzahl durch Luftkörperwechsel, daß ein zusätzlicher kernzahlvermindernder Effekt nur bei Regen, nicht aber bei Schneefall besteht. Doch findet O'BROLCHAIN in Graz eine Erniedrigung der Kernzahl auch bei ruhigem Schneefall, dagegen eine

Erhöhung bei kräftigen Schneeböen. Letztere Beobachtung machte auch SCHACHL in Innsbruck.

Diese letzteren Beobachtungen führen uns auf den *kernzahlerhöhenden Einfluß* des *Lenard-Effektes.* Nach den durch die Untersuchungen von LENARD näher geklärten Vorgängen teilt sich beim Zerspritzen von Wassertropfen die elektrische Ladung derart auf, daß die Wassertröpfchen selbst positiv geladen sind, während negative Ionen in die Luft austreten. Es tritt also z. B. beim Aufprallen von Niederschlag auf festen Boden, bei Wasserfällen usw. eine negative Ionisierung der Luft ein, die ihrerseits kernbildend wirken kann. Dieser Effekt spielt aber offenbar nur bei Starkregen und beim Vorhandensein eines festen Untergrundes eine Rolle. Eine sehr schöne und beweisende Beobachtung führten NOLAN und NOLAN [1] an, wonach während eines sehr heftigen Platzregens Kernzahl und Zahl der negativen Kleinionen vorübergehend sprunghaft um ein Mehrfaches anstiegen, während die Zahl der positiven Kleinionen ungeändert niedrig blieb. Die wohl auch negativ geladenen Großionen werden als Kerne gezählt. In gleicher Richtung zu deuten sind vereinzelte Beobachtungen von V. F. HESS [2], McCLELLAND und KENNEDY sowie diejenigen von BOYLAN in Dublin und McLAUGHLIN [1, 2] in Paris, die selbst im Mittel bei Niederschlag eine Erhöhung der Kernzahl fanden. Doch darf dieser Effekt, der nur bei Starkregen nennenswerte Bedeutung hat, nicht überschätzt werden; mit Recht weisen NOLAN und NOLAN [2] auf die Begünstigung ihrer eigenen und früheren (KENNEDY, McCLELLAND) Messungen durch ein Eisendach hin, auf das die Regentropfen auffielen, während bei weicherem und bewachsenem Untergrund die Wirkung geringer war. Die Verringerung der Kernzahl durch Auswaschen und die Erhöhung durch den Lenard-Effekt können je nach ihrer Stärke die Gesamtwirkung des Niederschlags natürlich sehr verschieden gestalten; eine einheitliche Beziehung ist also nicht zu erwarten.

Von W. SCHMIDT in Wien sind auch Untersuchungen über den Zusammenhang zwischen *Kernzahl* und *Ozon* angestellt worden. Die seither erfolgte weitgehende Klärung des Ozonproblems durch F. W. P. GÖTZ, DUCKERT, DOBSON u. a. macht es verständlich, daß ein eindeutiger Zusammenhang damals (1918) nicht gefunden werden konnte. Die Entstehungsbedingungen des Ozons sind ganz andere als die der meisten Kerne, und das Ozon ist kein Maß für die Reinheit der Luft.

Eine manchmal vermutete *prognostische Bedeutung* der Kernzahlen dürfte wohl kaum irgendeine Rolle spielen. Während GOCKEL in Freiburg im Üchtland hohe Morgenwerte der Kernzahl als Vorzeichen für Niederschläge am Nachmittag werten will, fand V. F. HESS [2] bei Innsbruck niedrige Kernzahlen am Vormittag begleitet von auffallenden Wetteränderungen (Föhn oder Gewitter) am Nachmittag, die sich bereits früh als Vertikalbewegungen geltend machten. Gerade dieses Beispiel zeigt, wie die Kernzahl nicht eigentlich prognostische Bedeutung hat, sondern als *Hilfsmittel* für die *Diagnose,* für die feinere Analyse der Wettervorgänge dient.

Eine etwas ausführlichere Würdigung müssen noch die Beziehungen von *Kerngehalt* und *Staubgehalt* erfahren. Gleichzeitige Untersuchungen beider Größen, wie sie z. B. von BOYLAN in Dublin, von WRIGHT [1] in Kew, von NOLAN und NOLAN [1, 2, 3] in Glencree (Irland), von GINER und HESS in Innsbruck, von GLAWION in Arosa, von LAHMEYER in Assuan, von FLACH (s. S. 101ff.) in Bad

Elster, von DÖRFFEL, LETTAU und RÖTSCHKE im Freiballon angestellt wurden, ergaben schöne Einblicke in ihr gegenseitiges Verhältnis; sie werden auf besondere Anregung von Prof. Dr. KNOCH im Deutschen Kurortklimadienst weiter gepflegt. Wie wir heute aus den Arbeiten von JUNGE [1—3] und FINDEISEN [2, 3, 4] wissen, unterscheiden sich Kerne und Staub im wesentlichen nur durch ihre *Korngröße*; die Grenze zwischen beiden, die als eine instrumentell festgelegte Grenze zwischen Kernzähler und Konimeter aufzufassen ist, liegt etwa bei 10^{-5} cm $= 0{,}1\ \mu$ (vgl. auch GLAWION). Beide Bestandteile des atmosphärischen Aerosols unterscheiden sich in ihrem Verhalten zunächst durch die bei Staub natürlich viel höhere Fallgeschwindigkeit (s. Tabelle 19, S. 90) und damit raschere Sedimentation. Die Reichweite lokaler Staubquellen ist also vergleichsweise niedriger als die lokaler Kernquellen; die Filterung durch Wälder, Parkanlagen usw. geht rascher vor sich. Das Verhalten zu den meteorologischen Elementen, z. B. zur Feuchtigkeit, ist durch das chemische und physikalische Verhalten der verschiedenen Bestandteile gegeben. Aus den Ergebnissen von DÖRFFEL, LETTAU und RÖTSCHKE im Freiballon ist bemerkenswert, daß Sperrschichten (Inversionen) zwar den Staubaustausch völlig unterbinden, die viel stärker von der Diffusion abhängigen Kerne dagegen nur unwesentlich beeinflussen. Soweit sich also Kerne und Staub aus den gleichen Bestandteilen zusammensetzen, entscheidet über ihre Ausbreitung und ihr Verhalten im Aerosol der Luft ausschließlich ihre verschiedene Korngröße.

Dieser entscheidende Einfluß der Korngröße zeigte sich bei zahlreichen Vergleichsmessungen. In Großstädten (BOYLAN, GINER und HESS, WRIGHT [1]) ist der parallele Gang von Staub und Kernen auf die Gleichheit der Quellen zurückzuführen. Das zahlenmäßige Verhältnis beider schwankt naturgemäß, jedoch ist die Kernzahl immer erheblich (mindestens 1—2 Zehnerpotenzen) größer als die Staubzahl. Das Verhältnis der Kernzahl zu der mit dem Owens-Zähler bestimmten Staubzahl, diese gleich 1 gesetzt, beträgt z. B. in Dublin (BOYLAN) 15, in Glencree (NOLAN und NOLAN [1—3]) 20, in Innsbruck (GINER und HESS) 52, in Arosa (GLAWION) 158, in Assuan (LAHMEYER und DORNO) 500 im Mittel; die mit dem Konimeter bestimmten Staubzahlen sind nur unwesentlich von denen mit dem Owens-Zähler gemessenen verschieden. Dagegen wirken Ballastsand im Freiballon (WIGAND [3]), gröberer Staub im Experiment (BOYLAN, WIGAND [3]) nicht als Kerne, weil sie nicht in den Kernbereich fallen. Bei Staubstürmen wurden verschiedentlich ganz geringe oder doch normale Kernzahlen gemessen, so von KOPPE bei Jerusalem (vgl. WIGAND [3]), von LAHMEYER in Assuan, von GLAWION in Arosa sowie auch (vgl. S. 79) auf der Zugspitze. Dies zeigt nur, daß die vorhandenen Staubteilchen so grob waren, daß sie nicht mit dem Kernzähler erfaßt werden konnten. Bei industriellen Verunreinigungen hingegen verteilt sich öfter das Aerosol auf ein außerordentlich umfangreiches Größenspektrum, das sich von Teilchen, die mit bloßem Auge sichtbar sind, bis in den ultramikroskopischen Kernbereich ausdehnt; ein Beispiel hierfür wird an anderer Stelle (s. S. 88, Fußnote) angeführt. Durch Koagulation und Anwachsen mit zunehmender Feuchtigkeit können Kerne in den Größenbereich des Staubes übergehen, was GLAWION aus seinen Vergleichsmessungen besonders bei Nebel schließt.

Bis auf die verschiedene Korngröße und die Kondensationswirksamkeit sind also bei Kernen und Staub durchaus analoge physikalisch-meteorologische

Zusammenhänge gegeben. Es wird notwendig sein, in Verfolg der von RÖTSCHKE durchgeführten Untersuchungen des Staubaerosols durch vergleichende Messungen dieses Verhältnis von Staub zu Kernen weiter zu klären; hierbei müssen besonders die qualitativen Fragen näher behandelt werden.

10. Ausblick.

Überblickt man die hier dargestellten Beziehungen zwischen dem Kerngehalt der Luft und den verschiedenen meteorologischen Elementen und Wetterlagen, so muß zunächst betont werden, daß man reine Abhängigkeiten der Kernzahl von einzelnen Elementen gar nicht erwarten darf. Denn diese meteorologischen Elemente sind bekanntlich ihrerseits so komplex untereinander verknüpft (es sei nur u. a. erinnert an die Zusammenhänge zwischen Sicht, relativer Feuchte und Luftmasse), daß eine wirklich vorhandene Abhängigkeit der Kernzahl von einem bestimmten Element meistens überdeckt werden wird. Über ursächliche Beziehungen zwischen Kernzahl und meteorologischen Elementen sind daher sichere Aussagen kaum möglich, selbst wenn *zahlenmäßige* Zusammenhänge festgestellt werden. Darüber hinaus hat sich aber fast bei jeder Betrachtung gezeigt, daß die *Gesamtkernzahl* offenbar weit geringere Zusammenhänge mit den einzelnen Witterungselementen aufweist als vielmehr die *Kernqualität.*

So führte die Betrachtung des täglichen Ganges zur Unterscheidung der Produktion von Verbrennungskernen und Salzkernen. Auch lokalklimatische Unterschiede bestehen nicht nur für die Kernzahl, sondern auch für die Kernart, etwa für Siedlungen an der Küste. Ebenso nimmt die Kernzahl mit der Windstärke nur bei Seewind zu, da diese die Produktion von Salzkernen fördert; im Binnenland dagegen setzt der Wind normalerweise durch den vergrößerten Austausch die Kernzahl herab. Die Kernzahl der Luftkörper erweist sich als eine stark veränderliche Größe, die von der Häufigkeit und Intensität der verschiedenen Kernquellen auf dem von ihnen zurückgelegten Weg abhängig ist; daß hierbei frische maritime Luftkörper auch ein anderes Verhältnis der Kernsorten zeigen als gealterte kontinentale, ist ohne weiteres anzunehmen und geht eindeutig aus dem gegensätzlichen Verhalten der Kerne bei Seewind und Landwind hervor. Besonders deutlich wird die Verschiedenheit der Kernsorten bei ihrem Verhalten zur Feuchtigkeit und Sicht, wobei der Chemismus und die Hygroskopizität gewisser Kernsorten die Hauptrolle spielen.

Die Kerne sind, wie wir heute sicher wissen, weder nach ihrer Herkunft noch nach ihrer Größe, ihren physikalischen Eigenschaften oder ihrer chemischen Zusammensetzung von einheitlicher Beschaffenheit. Offenbar verhalten sich *Salzkerne, Staubkerne* und *Verbrennungskerne,* um nur die drei wichtigsten und verbreitetsten Kernarten zu nennen, ganz verschieden. Aus der Diskussion der oft so widerspruchsvollen bisherigen Meßergebnisse muß gefolgert werden, daß der mit den üblichen Kernzählern erfaßte *Kerngehalt* eine örtlich und zeitlich stärksten Änderungen unterworfene *Mischung sehr verschiedener Kernarten,* ein *heterogenes Gemenge* darstellt. Nur bei einigermaßen ungestörten Verhältnissen sind auch klare Abhängigkeiten vorhanden.

Die *wichtigsten Kernquellen* seien hier noch einmal nebeneinandergestellt, ohne Rücksicht auf ihre ganz verschiedene Bedeutung und auf noch ungeklärte Fragen. Es handelt sich um Verdunstung von Meerwasser und anderen Salzlösungen, künstliche Verbrennung durch Industrie und Hausbrand in hochkultivierten Ländern, durch Steppen-, Savannen- und Waldbrände in minder kultivierten und besiedelten Ländern, vulkanische Tätigkeit, vielleicht den Boden, Aufwirbelung von feinstem Staub verschiedener Herkunft, Ionisation der Luft durch UV.-Strahlung, Lenard-Effekt oder luftelektrische Störungen bei Fronten, Radioaktivität, durchdringende Höhenstrahlung und andere ionisierende Vorgänge. Hierbei spielen die künstlich erzeugten, *anthropogenen* Kernquellen offenbar zahlenmäßig im Gesamthaushalt eine sehr erhebliche Rolle, und die Frage nach ihrem Anteil an Klimaänderungen usw. ist einer näheren Untersuchung sicher wert.

Die offenen Einzelfragen führen immer wieder auf die gleiche Grundfrage nach der Substanz und Struktur der einzelnen Kernsorten sowie ihrem Anteil an der Kernzahl zurück. Grundsätzlich neue Erkenntnisse des schwierigen, aber wichtigen Gebiets der Kondensationskerne sind also erst zu erwarten, wenn es gelingt, die *Kerne nicht nur quantitativ*, sondern *auch qualitativ* zu erfassen. Die *Methoden zur Unterscheidung und Zählung einzelner Kernsorten* können zum gegenwärtigen Zeitpunkt natürlich nur angedeutet werden; ihre Entwicklung ist eine Aufgabe der Zukunft. Die Unterteilung der Kerne nach einem *Kondensationsspektrum* (JUNGE) durch stufenweise Expansion verspricht wesentliche Aufschlüsse vor allem für die Kondensationswirksamkeit; ihre technische Durchführung dürfte kaum wesentliche Schwierigkeiten bereiten. Aber es muß als Ziel gesetzt werden, in die chemische und physikalische Struktur des einzelnen Kerns tiefer einzudringen, um dann erst die wichtigsten Kernarten in ihrer Häufigkeit zu zählen. Da die Kerngröße unter der Wellenlänge des sichtbaren Lichtes liegt, ist dies durch visuelle Methoden nicht unmittelbar möglich; es muß vielmehr eine Methode gefunden werden, den *Chemismus* der Kerne zu untersuchen. Der Versuch von FINDEISEN, die Kochsalzkerne aus dem Aufleuchten der gelben Na-Linie in einer Bunsenflamme zu bestimmen, könnte hier vielleicht richtungweisend wirken, da bei der außerordentlich geringen Masse der Kerne die feinsten spektroskopischen Methoden wohl noch am ehesten einen Erfolg versprechen. Auf jeden Fall ist die Untersuchung der chemischen Substanz der Kerne eines der wesentlichsten Ziele der künftigen Aerosolforschung.

Die bisherigen Kernzählungen werden durch diese künftigen methodischen und instrumentellen Fortschritte nicht nutzlos werden. Kernzahlbestimmungen mit den heute fertig entwickelten Geräten sind wohl geeignet, *bestimmte Probleme* insbesondere *lokalklimatischer Art* zu klären. Die Reichweite des klimatischen Einflusses großer Siedlungen und Industrieanlagen oder sonstiger Kernquellen, Fragen der Luftverunreinigung und ihrer Behebung werden vorteilhaft mit Hilfe des Kernzählers der Lösung nähergebracht. Luftstagnation und Luftkörperalterung kann ebenfalls mit dem Kernzähler messend verfolgt werden, ebenso ist seine Verwendungsmöglichkeit für Austauschbetrachtungen erwiesen. Die systematische Anwendung von Kernzählungen für solche Fragen verspricht noch viele wesentliche Einblicke; sie dürfte besonders im Kurortklimadienst von Vorteil sein.

Die *grundsätzlichen* physikalischen und meteorologischen *Fragen* über Entstehung der Kerne, Bedeutung für Kondensation und Niederschlagsbildung, Abhängigkeit von Wetterelementen und Wetterlagen verschieben sich jedoch heute mehr und mehr auf das *qualitative* Gebiet; ihre Lösung mit dem heutigen Kernzähler erscheint unmöglich und sollte deshalb nur noch bei ganz ungestörten Verhältnissen weiter betrieben werden.

Man wird wohl nicht fehlgehen in der Vermutung, daß nur die Erweiterung der Aerosolforschung auf die stofflichen Eigenschaften der Kerne geeignet ist, die grundsätzlichen Fragen zu lösen, die die bisherigen rein quantitativen Untersuchungen der Gesamtkernzahl als eines heterogenen Gemenges offenließen.

Dritter Teil.

Bioklimatik der Kondensationskerne.

Von H. Flohn-Bad Elster.

1. Entstehung, Art und Größe der Kerne.

In der Meteorologie trat beim Studium der Niederschlagsbildung vor mindestens 25—30 Jahren die Notwendigkeit ein, außer den rein thermodynamischen Vorstellungen auch physikalisch-chemische Vorstellungen über Adsorption usw. zu Hilfe zu holen. Experimentelle Untersuchungen (C. T. R. Wilson, Aitken) und theoretische Berechnungen (J. J. Thomson) haben die Existenz von kleinsten Teilchen bewiesen, die als (meist hygroskopische) Kondensationskerne die notwendige Voraussetzung zu jeder Tröpfchenkondensation bilden, will man nicht unvorstellbar große Übersättigungen annehmen. Auf die Einzelheiten dieser Vorstellung ist H. Burckhardt im Ersten Teil (S. 23ff.) bereits eingegangen.

Die *Größe* dieser Kondensationskerne liegt unter oder höchstens in der Nähe der Wellenlänge des Lichtes ($0{,}4$ bis $0{,}8 \cdot 10^{-4}$ cm) und ist daher nicht mehr direkt meßbar. Aus verschiedenen Überlegungen, insbesondere der Beweglichkeit der geladenen Kerne im elektrischen Feld sowie experimentellen Untersuchungen ergab sich ziemlich übereinstimmend ein Radius zwischen 10^{-7} cm und $7 \cdot 10^{-4}$ cm (Junge [3]), während Findeisen [3] den Bereich für kondensationswirksame Kerne auf die Größen zwischen $7 \cdot 10^{-7}$ und 10^{-5} cm, neuerdings 10^{-6} und 10^{-5} cm [4] einengt. Der Kernzähler erfaßt also, wenn wir diese Angabe zugrunde legen, nur einen sehr kleinen Ausschnitt aus dem Größenspektrum des atmosphärischen Aerosols, das von molekularer Größenordnung (10^{-8} cm) bis zu den mit bloßem Auge sichtbaren Teilchen (10^{-1} cm) reicht; weitere Teile werden durch Staub- und Kleinionenzählungen erfaßt. Einen Vergleich mit den in der Atmosphäre außerdem noch auftretenden Aerosolbestandteilen ermöglicht folgende Übersicht:

Tabelle 17. Größenverhältnisse verschiedener Aerosole.

Art des Aerosolbestandteils	Durchmesser in cm
Wasserdampfmoleküle	$2{,}7 \times 10^{-8}$
Kleinionen	7×10^{-8}
Mittelionen, kleine	$< 8 \times 10^{-7}$
Mittelionen, große	$2{,}6 \times 10^{-6}$ bis 8×10^{-7}
Ultragroßionen	$> 2{,}6 \times 10^{-6}$
Kondensationswirksame Kerne und Dunstteilchen	10^{-6} bis 10^{-4}
Wolkenteilchen	1×10^{-3} bis 5×10^{-4}
Regentropfen	$0{,}2$ bis 7×10^{-3}

Bei der geringen Größe der Kerne ergibt sich als *Masse* eines Kerns ein außerordentlich kleiner Wert von 10^{-14} bis 10^{-20} g (vgl. Tabelle 18), so daß unter den nicht unwahrscheinlichen Annahmen einer Dichte von 1,5 (etwa Mehl, Kohle, Schwefelsäure), kugelförmiger Gestalt und eines Durchmessers von 10^{-6} cm etwa 1 Trillion (10^{18}) Kerne auf 1 g Substanz gehen, bei einem Durchmesser von 10^{-5} cm also 10^{15} Kerne. FINDEISEN [4] gibt neuerdings das Gewicht eines Kondensationskernes zu 10^{-15} g an. Falls die Kerne etwa nur lockere Molekülhaufen mit geringerer Dichte darstellten, wofür manches spricht, so müßte sich diese Zahl noch erniedrigen.

Tabelle 18. Größenverhältnisse der Kerne.

Durchmesser in μ	Radius in cm	Oberfläche in qcm	Masse (Dichte $\varrho = 3$) in g
0,002	10^{-7}	$1{,}26 \cdot 10^{-13}$	$1{,}26 \cdot 10^{-20}$
0,004	$2 \cdot 10^{-7}$	$5{,}02 \cdot 10^{-13}$	$1{,}01 \cdot 10^{-19}$
0,01	$5 \cdot 10^{-7}$	$3{,}14 \cdot 10^{-12}$	$1{,}57 \cdot 10^{-18}$
0,02	10^{-6}	$1{,}26 \cdot 10^{-11}$	$1{,}26 \cdot 10^{-17}$
0,04	$2 \cdot 10^{-6}$	$5{,}02 \cdot 10^{-11}$	$1{,}01 \cdot 10^{-16}$
0,1	$5 \cdot 10^{-6}$	$3{,}14 \cdot 10^{-10}$	$1{,}57 \cdot 10^{-15}$
0,2	10^{-5}	$1{,}26 \cdot 10^{-9}$	$1{,}26 \cdot 10^{-14}$

Über die *Substanz* der Kerne selbst lassen sich wegen der geringen Masse schwer Aussagen machen. In norwegischen Bergobservatorien fand H. KÖHLER [1, 2] in der Wolkenluft 0,00357 g Cl im l, so daß unter der Annahme einer Verteilung der Salze wie im Oberflächenwasser der Meere im cbm Luft in diesem extremen Falle 0,00004 g Kochsalz enthalten waren, während die Menge aller anderen Salze noch geringer war.

Neuere Untersuchungen, auf die im Ersten Teil (S. 26f). näher eingegangen worden ist, haben jedoch gezeigt, daß die Kerne nicht, wie man nach den Arbeiten KÖHLERS angenommen hatte, in der Hauptsache aus Meeressalzen bestehen, sondern daß die vom Menschen verursachten Verbrennungsprozesse mindestens einen beträchtlichen Teil der Kerne liefern. Verdunstung im Watt oder Zerspritzen auf der Meeresoberfläche schaffen längst nicht in dem Maß Kerne wie die industrielle Verbrennung, Heizung, Steppen- oder Waldbrände (vgl. FINDEISEN [4]). Auch die Tatsache, daß selbst auf den Berggipfeln Mitteleuropas kontinentale Luft kernreicher ist als maritime (s. S. 66), spricht in derselben Richtung. Die KÖHLERschen Untersuchungen an Rauhreif und Wolkenluft dürfen daher nicht verallgemeinert werden und gelten höchstens für ganz reine Luft; besonders in bioklimatischer Hinsicht muß die (indirekt) *anthropogene Herkunft* der meisten *Kerne* nachdrücklich betont werden. Ob die von KÄHLER und ZEGULA angegebene Unterscheidung „maritimer" und „kontinentaler" Kerne ein wesentliches Merkmal darstellt, müssen weitere Untersuchungen an der Küste klären. Über ihre chemische Zusammensetzung wären mikrochemische Untersuchungen sicher sehr aufschlußreich, da wir darüber so gut wie nichts wissen. Es dürfte allerdings zu den schwierigsten Aufgaben der chemischen Klimatologie (CAUER) gehören, die Methodik für den Nachweis solch winziger Massen zu finden, insbesondere sie von den gasförmigen Bestandteilen der Luft zu trennen. Doch ist diese Kenntnis unbedingt notwendig für alle weiteren Fragen.

Neben den *Verbrennungsprozessen* spielen auch gasförmige Beimengungen der Luft, die wir als *Gerüche* aller Art wahrnehmen, als Kernquellen eine große Rolle. SCHMAUSS teilt eine sehr eindrucksvolle Beobachtung mit, nach der die „Gerüche" eines chemischen Instituts sogar lokale Sprühregen erzeugten. Die kernbildende Wirkung von Bohnerwachs wird von AMELUNG und LANDSBERG betont. Die Erhöhung der Kernzahl in Warmbrunn bei auch durch den Geruch nachzuweisenden Windströmungen von einer Zellwollefabrik weist ebenfalls in diese Richtung. Es dürfte sogar die Frage aufzuwerfen sein, ob nicht die feine *Verteilung* gewisser Geruchstoffe auf die Zusammenballung von Molekülgruppen zu Kernen zurückzuführen ist. Eine reine Adsorption an bereits vorhandenen Kernen — wie sie z. B. ISRAËL-KÖHLER im Gegensatz zu anderen (ALIVERTI, ROSA, vgl. S. 36) für die Radiumemanation annahm —, würde die Vermehrung der Kernzahl unerklärt lassen.

Neben der Wirkung offener Flammen und sonstiger Verbrennungsprozesse dürfte von bioklimatischem Standpunkt diese Rolle der „Gerüche" als Kernquelle von besonderer Bedeutung sein, wobei allerdings alle näheren quantitativen wie qualitativen Fragen noch nicht entschieden sind, ja meist bisher höchstens angedeutet wurden. Der Staub kommt bei seiner meist viel gröberen Struktur ($r \approx 10^{-3}$ cm) als Kernquelle nicht in Betracht, wie zahlreiche Meßreihen erwiesen haben (WIGAND [1]); wohl aber werden seine feineren Bestandteile im Kernzähler mitgezählt (JUNGE [3])[1]. Inwieweit organische Geruchstoffe der Pflanzen oder auch Blütenstaub (Pollen) als Kernquelle in Betracht kommt, muß noch untersucht werden; der Pollen der Fichte ist nach den Untersuchungen von L. SCHULZ (s. Fünfter Teil, S. 119) zu grob.

2. Der Kerngehalt der Luft in seiner medizingeschichtlichen Rolle.

Diese Fragen haben auch noch von der *historischen Bioklimatologie* her ihre Berechtigung. Während bei Hippokrates selbst von einer Entstehung der Krankheiten aus der Luft keine Rede ist (RIMPAU), so sprechen doch schon vor ihm andere — Akron, Empedokles — von dieser Möglichkeit. Besonders ersterer nimmt an, daß in gewissen Landschaften der Boden an die überlagernde Luft Stoffe abgibt, die unter gewissen Umständen gesundheitsschädlich wirken können. Trotzdem ein näherer Hinweis auf die Natur dieser Stoffe nicht gegeben wird, bei der meist spekulativen Art der damaligen Untersuchungen auch nur historisches Interesse bieten kann, liegen hier die bisher ältesten Quellen der *Miasma*vorstellung, die an der Schwelle zur modernen Bakteriologie so eine große Rolle spielen sollte, und zum Teil heute noch nicht aufgegeben ist. In seiner Geschichte der Geoepidemiologie geht RIMPAU ausführlich auf diese Vorstellungen ein. So sprach der Veroneser Arzt FRACASTORO (1546) von Teilchen, unsichtbaren kleinsten Körperchen, die bis zur Unteilbarkeit aufgelöst sind, und als Kontagien wirken. Um 1675 bezeichnete der Engländer SYDENHAM, der z. B. von WOLTER als Begründer der von ihm heute noch vertretenen Miasmahypothesen dauernd angeführt wird, als das krankmachende Agens feinst verteilte Teilchen (parti-

[1] Neueste Untersuchungen der Bioklimatischen Forschungsstelle Bad Elster (Leiter Dr. FLOHN) in einer Baumwollspinnerei ergaben den höchsten Kerngehalt in den staubreichsten Räumen; das Größenspektrum dieses bei der Verarbeitung von Lumpen entstehenden Staubes reicht offenbar mindestens von 10^{-1} bis 10^{-6} cm.

culis), die durch Einatmung den Körpersäften schädlich seien. Er läßt hierbei allerdings unklar, ob die Luft als Überträger oder als Erreger wirke, ob es sich um ein Miasma oder ein Kontagium vivum handelt.

Derartige Vorstellungen gewinnen gerade heute erneut an Boden, und es kommt darauf an, sie mit *exakten* Methoden wirklich nachzuprüfen und nicht Jahrhunderte alte Gedankengänge ohne jede Spur von Beweis erneut zu vertreten. Gerade die Frage der Bodenexhalation, die von WOLTER und vereinzelten anderen immer wieder ohne jede empirische Begründung als sichere Tatsache bezeichnet wird, sollte sich mit den modernen physikalisch-chemischen Methoden prüfen lassen. Hierbei muß gerade der Frage nachgegangen werden, inwieweit etwa der *Boden* als *Kernquelle* (abgesehen natürlich von brennenden Erdgasquellen) wirken sollte. Den immer wiederkehrenden *vagen* Miasmatheorien, deren Schädlichkeit gerade heute, im Zeitalter der *exakten* Bioklimatologie RIMPAU betont, kann so viel eher der Boden entzogen werden als lediglich durch einen Hinweis auf fehlende Nachweise.

Daß eine derartige Rolle des Bodens bzw. der Bodengase (etwa Radiumemanation?) als Kernquelle ernsthaft in Betracht gezogen werden muß, haben die sehr interessanten vorläufigen Ergebnisse von L. SCHULZ (Fünfter Teil, S. 116) gezeigt.

Auf diese medizingeschichtliche Rolle des *Aerosols*, wie wir heute unter Betonung der kolloidalen Vorstellung der Kerne als Suspensionen in der Luft sagen, soll hier nicht weiter eingegangen werden. Immerhin ist es interessant zu verfolgen, wie von den meteorologisch-physikalischen Untersuchungen der Kondensationskerne nach dem von AITKEN entwickelten Dilatationsprinzip aus nur tastende Versuche in bioklimatischer Richtung gemacht werden, obwohl WIGAND [1] bereits 1912 den geringen Kerngehalt der Ausatmungsluft feststellte. Der eigentliche Anstoß zu den erst seit wenigen Jahren intensiver betriebenen bioklimatischen Kernzahlstudien kam — neben der Verbesserung des Kernzählers durch SCHOLZ — in der Hauptsache von der luftelektrisch gerichteten Aerosolforschung (DESSAUER, ISRAËL-KÖHLER, EDSTRÖM u. a.). Während die Mehrzahl der Autoren die Vorzeichen der elektrischen Ladungen der Klein-, Mittel- und Großionen in den Mittelpunkt ihrer bioklimatischen Betrachtungen stellten, wurde seit 1931 mehrfach von LINKE [2] und auch DESSAUER [1] darauf hingewiesen, daß der pharmakologischen Wirkung der Substanz der Großionen wohl auch eine Bedeutung beizumessen sei. Heute steht fest, daß Großionen und Kerne, abgesehen von ihrer elektrischen Ladung, eins sind (vgl. schon SCHMAUSS und WIGAND); Großionen sind Kerne mit angelagerten Kleinionen bzw. mit einer elektrischen Elementarladung versehen.

Sieht man also von den experimentellen Prüfungen der ungleichnamigen elektrischen Ladungen ab, so gelten die im Laboratoriumsversuch ermittelten Wirkungen der Großionen cum grano salis auch für die ungeladenen Kerne. Die Zahl der geladenen Kerne beträgt (vgl. S. 35) im Mittel 44—50% der ungeladenen, in der Großstadt usw. noch weniger.

Zwar sieht DESSAUER [2] auch heute noch die Wirkung des Luftkolloids in einer durch Strahlung bewirkten „Aktivierung", aber die Bedeutung der rein pharmakologischen Komponente wird von ihm ebenfalls hervorgehoben.

Es ist daher notwendig, zunächst einmal die bisher bekannten *biologischen* und *hygienischen Wirkungen* des *Kerngehalts* der Atmosphäre zusammenzustellen, und von da aus die Fragestellungen aufzuwerfen, die sich ohne Berücksichtigung etwaiger elektrischer Ladungen der Kerne ergeben. Wohl kann man mit Erfolg luftelektrische Meßmethoden zu Kernuntersuchungen heranziehen. Aber bei der Diskussion der Ergebnisse muß man klar zwischen den — manchmal widerspruchsvollen — Wirkungen der elektrischen Ladung und denen der feinst verteilten Materie selbst unterscheiden; nur von letzterer soll hier die Rede sein.

3. Kerngehalt der Luft und Atmung.

Die Kerne können, wie wir aus den historischen Erörterungen bereits sahen, als *pathogene Faktoren*, als krankmachendes Agens aufgefaßt werden. Diese unmittelbar biologische Wirkung muß zunächst unterschieden werden von der *hygienischen* Bedeutung, die dem Kerngehalt als *Indikator* für Verunreinigungen der Luft aller Art zugeschrieben werden. Die rein *biologische* Wirkung der Kerne vollzieht sich offenbar in erster Linie auf dem Wege über die *Atmung*. Denn die Wirkung z. B. der Kampfgase auf die Haut ist wohl unabhängig davon, ob diese Kampfgase gasförmig in der Luft verteilt sind, ob sie an Kerne adsorbiert sind oder selbst Kerne bilden. Bei der Atmung spielt aber die Art, insbesondere die Feinheit der Verteilung der Materie des Aerosols, eine sehr große Rolle, wie wir noch sehen werden.

Vergleichsuntersuchungen mit Kernzähler und Staubzähler haben gezeigt, daß prinzipielle Unterschiede in der Verteilung der Kerne ($r \approx 10^{-6}$ cm) und des Staubes ($r \approx 10^{-3}$ cm) kaum bestehen. Entsprechend der sehr viel größeren Masse, die bekanntlich bei sonst gleichen Voraussetzungen mit der 3. Potenz des Radius wächst, besitzen die gröberen Staubteilchen eine nicht immer zu vernachlässigende Sinkgeschwindigkeit (vgl. Tabelle 19).

Tabelle 19. Sinkgeschwindigkeit von Wassertropfen (in cm/sec)[1].

Radius in cm	nach STOKES	nach R. A. MILLIKAN	nach LENARD
10^{-7}	—	$1{,}42 \cdot 10^{-6}$	$1{,}46 \cdot 10^{-6}$
10^{-6}	—	$1{,}53 \cdot 10^{-5}$	$1{,}72 \cdot 10^{-5}$
10^{-5}	$1{,}26 \cdot 10^{-4}$	$2{,}36 \cdot 10^{-4}$	$1{,}74 \cdot 10^{-4}$
10^{-4}	$1{,}26 \cdot 10^{-2}$	$1{,}37 \cdot 10^{-2}$	—
10^{-3}	1,26	1,27	—

Der immer vorhandene Austausch hat daher auf die Staubzahlen schon an sich einen etwas geringeren Einfluß als auf die Kernzahlen.

Vor allem aber ist bei den Kernen die *Diffusion* ein offenbar sehr wesentliches Moment, wie auch aus aerologischen Messungen an Sperrschichten geschlossen werden muß.

FINDEISEN [1] hat in einer wichtigen, bisher wenig beachteten Arbeit versucht, aus theoretischen Überlegungen heraus unter verallgemeinernden Annahmen die *Ablagerungsbedinqungen* des Aerosols in den *menschlichen Atemwegen* zu berechnen. Während bei den kleineren Teilchen in der Größenordnung der Kerne (0,01 μ) die Sedimentation durch eigene Sinkgeschwindigkeit, Trägheit und Randeffekt nur eine kleine Rolle spielt, ist die (bei allen gröberen Teilchen

[1] Diese Tabelle gilt nur für Wassertropfen. Für die spezifisch vielleicht schwereren, aber in der Form abweichenden Staubteilchen und Kerne stellen die angegebenen Werte wahrscheinlich Höchstwerte dar, die nur über die Größenordnung roh unterrichten sollen.

ohne weiteres zu vernachlässigende) BROWNsche Molekularbewegung, also eine Diffusion, die Ursache der Ablagerung. Das ist durchaus verständlich, wenn man bedenkt, daß der Größenunterschied zwischen Kern ($r \approx 10^{-6}$ cm) und Molekül ($r \approx 10^{-8}$ cm) nicht mehr sehr erheblich ist; die von DESSAUER und seinen Mitarbeitern [1] künstlich erzeugten geladenen Kerne enthielten etwa 50000 Moleküle.

Nach den Erwägungen von FINDEISEN [1] können sich die Kerne nur in den feinsten Verästelungen der Atemwege, in den Lungenbläschen, absetzen. Nach den mit diesen Rechnungen gut übereinstimmenden Untersuchungen G. LEHMANNS werden Staubkörnchen von mehr als 5 μ Durchmesser bereits in der Nase ausgefiltert; bei Silikose werden niemals Teilchen über 3 μ ($3 \cdot 10^{-4}$ cm) Durchmesser in der Lunge gefunden. Hierbei hat LEHMANN im Tierversuch gefunden, daß die Temperatur der Atemluft in der Nasenmuschel des Hundes um 0,3—0,6° höher liegt als in der dahinterliegenden Erweiterung der Atemwege; die Ablagerung von Teilchen wird infolgedessen verstärkt durch Kondensation in der nahezu gesättigten Atemluft, nach grundsätzlich demselben Prinzip wie beim Kernzähler. Am Menschen konnten diese Verhältnisse bisher nicht untersucht werden, doch scheinen sie ähnlich zu liegen. Die Erwägungen FINDEISENS [1] sind von ihm selbst schon durch praktische Versuche geprüft worden. Die Untersuchungen von MACK haben ergeben, daß der Kerngehalt der Ausatmungsluft mit der Ausatmungstiefe abnimmt und daß gerade in den Lungenalveolen der größte Teil der Kerne zurückzubleiben scheint. Diese Tatsache ist wesentlich, da die gröberen Bestandteile, wie wir sahen, zumeist schon in den vorderen Atemwegen, in der Nase bzw. in der Trachea oder doch in den Bronchien abgefangen werden. JANITZKY, ein Mitarbeiter DESSAUERS [1], kam zu dem Ergebnis, daß die mittleren Ionen ($r \approx 10^{-6}$) in der Lunge viel wirksamer seien als die Leichtionen ($r \approx 10^{-7}$ cm), die schon im Munde ausgefiltert werden sollen, und die schwereren. Nach den oben erwähnten Rechnungen von FINDEISEN muß angenommen werden, daß lediglich die Ladung der Leichtionen, nicht ihre Substanz, schon im Munde ausgefiltert wird.

Die *Retention der Kerne* in den Atemwegen (vgl. Tabelle 20) scheint von äußeren Faktoren nicht wesentlich abhängig zu sein. Zwar haben SCHULTZ und EVERS eine Zunahme der Retention mit der relativen Feuchte von 20 auf 56% gefunden, dagegen fand MACK bei seinen Versuchen eine stärkere Retention bei einer relativen Feuchte von 50% als bei 80%. AMELUNG und LANDSBERG haben gefunden, daß in der wasserdampfgesättigten Atmosphäre einer Waschküche nahezu 100% der eingeatmeten Kerne auch wieder ausgeschieden werden. Es wäre interessant, diese Verhältnisse auch bei Nebelluft im Freien einmal nachzuprüfen. Die widersprechenden Ergebnisse dürften in erster Linie auf die Meßmethodik zurückzuführen sein, indem SCHULTZ und EVERS den Schlauch zwischen Mund und Kernzähler im Wasserbad warmhielten, um die durch Ausfallen der Kerne bei Abkühlung entstehenden Fehler zu vermeiden. So dürften denn auch die von AMELUNG und LANDSBERG wie von MACK angegebenen Zahlen der Kernretention etwas zu hoch ausgefallen sein. Die angegebenen Meßergebnisse beziehen sich zunächst einmal auf die *Retention* der Kerne in den Atemwegen; sie ließen sich also auch z. B. durch Koagulation erklären. Inwieweit es sich nun eine tatsächliche *Resorption*, d. h. um Aufnahme in den Organismus handelt, müßte noch geprüft werden. Die angegebenen Daten stimmen in ihrer Größenordnung — und nur um diese kann es sich handeln — durchaus mit den FINDEISENschen Rechnungen überein.

Die widersprechenden Ergebnisse bei der Abhängigkeit der Kernretention von der Feuchtigkeit der Luft sind zunächst nur schwer verständlich. Die Außenluft wird nämlich schon in den vorderen Atemwegen, wie PERWITZSCHKY gezeigt hat, nahezu auf Sättigung und Bluttemperatur gebracht (in der Trachea bei Nasenatmung 36° C und 98% relativer Feuchte, bei Mundatmung 35° C und 84% relativer Feuchte), ohne daß ein Einfluß klimatischer Faktoren vorhanden wäre. Die Eigenschaften der Außenluft können demnach höchstens in Nase, Kehlkopf und Trachea von Bedeutung für die Resorption der Kerne sein; in den Bronchien und vor allem in den Alveolen kann offenbar ein derartiger Einfluß nicht mehr bestehen.

Anders ist dies für die Frage nach dem Unterschied zwischen der *Retention* in *Freiluft* und *Zimmerluft*. Die verschiedene Kernretention (in Freiluft etwa 60%, in Zimmerluft maximal 75—90%, vgl. Tabelle 20) dürfte sich in erster

Tabelle 20. Kernretention bei Frei- und Zimmerluft.

Ort	Kerne in 1 ccm Einatmungsluft	Kernretention in %	Quelle
Freiluft	11000	59	MACK
Zimmer ungeheizt, gelüftet	12000	67	MACK
Zimmer ungeheizt, ungelüftet	14500	75	MACK
Zimmer mit Ofenheizung	15500	83	MACK
Zimmer mit Warmwasserheizung, gelüftet	20000	90	MACK
Zimmer mit Warmwasserheizung, ungelüftet	24000	92	MACK
Freiluft	?	62	AMELUNG-LANDSBERG
Zimmerluft	?	77	AMELUNG-LANDSBERG
Inhalatorium	?	20—56	SCHULTZ-EVERS
(Künstliche Ionisierung)	?	(14—40)	(s. DESSAUER) [1]

Linie auf die Verschiedenartigkeit der Kerne, auf die Kernqualität zurückführen lassen. Denn aus FINDEISENS Untersuchungen [1] geht klar hervor, daß das Größenspektrum der Kerne für den Retentionskoeffizienten entscheidend ist.

Wenn wir auch über den Unterschied in Größe und Zusammensetzung der Kerne in Freiluft und Zimmerluft nichts wissen, so liegt gerade hier offenbar der Schlüssel nicht nur für die Verschiedenheit der Kernretention, sondern auch für die unterschiedliche Wirkung der Freiluft und der „toten“ Zimmerluft (DORNO); hierüber soll noch im allgemein-hygienischen Zusammenhang gesprochen werden (vgl. S. 100).

Wenn wir nun versuchen, uns ein Bild zu machen über die *Größenordnung* der auf diese Weise möglichen *Resorption* unter normalen Verhältnissen, so wollen wir den Betrachtungen einen ungefähr normalen Wert von 60000 Kernen im ccm Zimmerluft oder auch Großstadtluft zugrunde legen. Unter der Annahme eines täglichen Atemvolumens von 10000 l erhalten wir so eine Gesamtzahl von $6 \cdot 10^{11}$ Kernen in der Atemluft eines Tages. Hiervon sollen 80%, d. h. $4{,}8 \cdot 10^{11}$ Kerne, oder abgerundet 500 Milliarden Kerne resorbiert werden. Trotz dieser astronomisch hohen Zahl sind aber die wirklichen Mengen sehr gering, wenn man sie, wie in Tabelle 21, nach verschiedenen Annahmen ihrer Größe berechnet.

Bei einem mittleren Halbmesser von 10^{-6} cm, also dem hunderttausendsten Teil eines Millimeters, beträgt die gesamte, in einem Tag *resorbierte Kernmenge* noch nicht 0,001 mg, die allerdings eine aktive Oberfläche von einigen qcm besitzen. Selbstverständlich ist diese Menge unter anderen Voraussetzungen anders. Schwankt die Kernzahl von einigen 100 (im Hochgebirge oder auf der See, ähnlich bei absteigenden Luftmassen) oder einigen 1000 (in gut ventilierten Luftkurorten der Ebene bzw. des Mittelgebirges) bis zu weit über 100000 im ccm (in stagnierenden Luftmassen bei starker Verbrennung durch Industrie oder Hausbrand), so dürfte sich die im Laufe eines Tages absorbierte Kernmenge meist in den Grenzen von 10^9 und 10^{12} Kernen bewegen.

Tabelle 21. Tägliche Gesamtretention an Kernen im Zimmerklima.

Radius in cm	Gesamtoberfläche in qcm	Masse ($\varrho = 1,5$) in g	Masse ($\varrho = 3$) in mg
10^{-7}	0,063	$2,5 \cdot 10^{-10}$	0,0000005
$2 \cdot 10^{-7}$	0,251	$2,0 \cdot 10^{-9}$	0,000004
$5 \cdot 10^{-7}$	1,57	$3,2 \cdot 10^{-8}$	0,00006
10^{-6}	6,28	$2,5 \cdot 10^{-7}$	0,0005
$2 \cdot 10^{-6}$	25,1	$2,0 \cdot 10^{-6}$	0,004
$5 \cdot 10^{-6}$	157	$3,2 \cdot 10^{-5}$	0,06
10^{-5}	628	$2,5 \cdot 10^{-4}$	0,5

Bei künstlich ionisierter Luft hat Dessauer [1] bei seiner Versuchsanordnung eine Retention von etwa 0,01 mg pro Stunde berechnet, während Schultz und Evers (bei der wohl zu großen Annahme eines Radius von 10^{-5} cm) zu einem Wert von 0,1 mg während einer halbstündigen Inhalation kommen.

Bei seinen Untersuchungen über die Retention von Ionen fand Janitzky (nach Dessauer [1]) eine Retention von 14—40% in der Lunge, von weniger als 45% im toten Raum (Nase, Kehlkopf, Trachea). Es muß aber beachtet werden, daß hierbei nicht die Retention der Materieteilchen gemessen wurde, sondern die der elektrischen Ladung; die Werte sind also nicht unmittelbar mit den anderen vergleichbar.

Die *resorbierten Mengen* sind also recht gering und belaufen sich unter normalen Verhältnissen auf 0,1—0,001 mg pro Tag. Da der Rauch von Zigaretten usw. eine außerordentlich hohe Kernzahl erzeugt, ist sie bei Rauchern offenbar größer, dürfte jedoch wie bei Atmung künstlich ionisierter Luft einen Wert von 1 mg pro Tag wohl kaum überschreiten. Diese Mengen liegen also erheblich unter denen der Staubinhalation in gewissen gesundheitlich besonders gefährdeten Industriebetrieben, in denen z. B. in einem extremen Fall (vgl. Landsberg [3]) im Verlauf von 8 Stunden 820 mg Staub eingeatmet werden muß. Trotzdem darf ihre *Wirkung* keinesfalls vernachlässigt werden, um so weniger, als durch die außerordentlich feine Verteilung die wirksame Oberfläche eine sehr große ist. Es wurde die Hypothese aufgestellt (vgl. Linke [2]), daß diese Wirkung innerhalb der Lungenalveolen eine rein katalytische ist, d. h. daß die Kernmaterie an den chemischen Umsetzungen bei der Oxydation des Lungenblutes nicht beteiligt ist. Die Wirkung derart kleiner Materiemengen ist nicht nur dem homöopathisch denkenden Arzte vertraut, sie liegt auch oft genug im Bereich pharmakologischer und toxikologischer Untersuchungen. In diesem

Zusammenhang sei daran erinnert, daß z. B. auch geringe Mengen Pollen u. dgl. bei überempfindlichen Personen die schwersten allergischen Krankheitserscheinungen hervorrufen können. Die wirksame Materie hat gerade in Kernform eine außerordentlich *große aktive Oberfläche* (vgl. Tabelle 21), die schon beinahe an molekulare Größenordnungen heranreicht. Damit ist aber die Möglichkeit einer besonders schnellen und wirksamen Resorption gegeben, da die wirksamen Substanzen sofort durch die Alveolarwände unmittelbar in die Blutbahn gelangen können. Die therapeutischen Möglichkeiten für die Inhalation sind von SCHULTZ und EVERS näher erörtert worden. Obwohl wir — von den Versuchen mit künstlich ionisierter Luft und Inhalatorien abgesehen — nichts Näheres über deren Wirkungsweise aussagen können, muß sie, gerade bei der Betrachtung klimatherapeutischer Wirkungen, unter allen Umständen mitberücksichtigt werden. Denn die eingeatmete Kernmenge unterliegt ja nicht nur quantitativen Schwankungen, sie unterliegt offenbar auch qualitativen Änderungen, deren Erforschung die wichtigste, wenn auch schwerste Aufgabe auf dem Gebiet der Aerosolforschung ist. Es ist nicht undenkbar, daß eine zu große Reinheit der Luft ebenso schädlich wirkt wie ein Übermaß an Verunreinigungen (LINKE [3]); eine experimentelle Prüfung dieser Ansicht sollte leicht möglich sein.

Daß neben der Kernresorption *keine* eigene *Kernproduktion* in den *Respirationsorganen* besteht, haben AMELUNG und LANDSBERG bewiesen. Nach der Einatmung von Luft, die durch Filter künstlich praktisch kernfrei gemacht wurde, zeigte sich auch in der Ausatmungsluft kein nennenswerter Kerngehalt. Die entgegengesetzte Ansicht von WAIT ist aus dessen eigenen Untersuchungen nicht einwandfrei zu belegen (vgl. LANDSBERG [3]); die Zunahme der Kernzahl in bewohnten Räumen kann auch anders erklärt werden (s. S. 99).

4. Der Kerngehalt der Luft als pathogener Faktor?

Die Retention der Kerne in den tieferen Atemwegen ist also, wie wir sahen, eine feststehende *biologische Tatsache*; eine echte *Resorption* ist jedenfalls wahrscheinlich. Welche Wirkung soll aber nun den auf diese Weise resorbierten Teilchen zukommen? Die in den äußeren Atemwegen (Nase, Mund, Kehlkopf) zurückgehaltenen, meist gröberen Staubteilchen, werden durch reflektorisch ausgelöste mechanische Bewegungen (Husten, Niesen, Räuspern) wieder ausgestoßen. Es entspricht einer vielfach zu machenden Erfahrung, daß diese als Abwehrreflexe aufzufassenden Reizzustände im Zimmer stärker und häufiger sind als im Freien. In den tieferen Atemwegen (Luftröhre, Bronchien) wird der Staub durch das Flimmerepithel der Schleimhäute nach außen befördert. Selbst aus den Alveolen können eingedrungene Teilchen durch Phagocytose, durch die Aufnahme in die Becherzellen des Alveolarepithels (H. LEHMANN) entfernt werden. Das Lungengewebe selbst wird (bei Staublungenkrankheiten, wie Silicose, Asbestose) mit Staubteilchen verschiedener Größe angefüllt, die zum Teil durch den Lymphstrom entfernt werden. Weiterhin muß aber auch an die Möglichkeit eines Eindringens gerade kleinster Teilchen in Kerngröße in die Blutbahn evtl. unter chemischer Umsetzungen gedacht werden; gerade hierbei dürfte die große Oberflächenwirkung der Kerne eine besondere Rolle spielen.

In diesem Zusammenhang steht die Frage nach einer Infektion durch den Kerngehalt der Luft zur Diskussion. Die Größe der meisten Bakterien liegt noch im Bereich des Staubes; aber die ultravisiblen Virusarten dürften, soweit sie kristallisierbar sind, in ihrer Größe wohl dem Kernbereich angehören, so daß man für sie mindestens hypothetisch ähnliche Ausbreitungsmöglichkeiten ins Auge fassen muß.

In der *Meteoropathologie* scheint die *Kernzahl* selbst keine Rolle zu spielen. Die witterungsmäßig (z. B. durch Luftmassenwechsel beim Durchzug einer Front, durch Turbulenz oder absteigende Luftbewegungen) bedingten Kernzahländerungen liegen größenmäßig vielfach niedriger als die Änderungen, denen der Mensch allein in seinem biologischen Milieu (z. B. durch Ortswechsel: rauchiges Zimmer — Freiluft) täglich und stündlich unterworfen ist. Insofern scheint jedenfalls die Meinung von Flach [2] berechtigt, daß eine direkte Einwirkung von Kernen (oder Ionen) nicht gegeben ist. Aber die Bedeutung der *Kernqualität* ist dabei nicht berücksichtigt. Es ist sicher nicht gleichgültig, welche Kernart der Organismus resorbiert, wenn auch hierbei zunächst von der oben angedeuteten Möglichkeit, etwa ein ultravisibles Virus unter den Kernen zu finden, abgesehen werden soll. Schon vor 30 Jahren hat Gemünd [1, 2] die größere Morbidität an Tuberkulose und Pneumonien in den Städten auf den größeren Kerngehalt zurückzuführen versucht, während Plumandon (nach Landsberg [6]) den Einsatz epidemischer Erkrankungen der Atmungsorgane nach Einbruch kernreicher kontinentaler Luftmassen beobachtete. Es sei noch erwähnt, daß Amelung und Landsberg die Frage aufwarfen, ob nicht die unangenehmen Nebenwirkungen der künstlichen Ultraviolettstrahler auf den durch sie (s. S. 37) erhöhten Kerngehalt zurückzuführen sei.

Wie bereits angedeutet, muß auch eine *allergische* Wirkung einzelner Kerne in Betracht gezogen werden. Verschiedene Allergene kommen in der Atmosphäre in einer Form vor, die unter der Sichtbarkeitsgrenze des Mikroskopes liegt. Ob sie eine Kernwirksamkeit entfalten, muß noch geprüft werden; insbesondere wäre die eventuelle Bedeutung des Blütenstaubes gewisser Gräser als Kernquelle zu prüfen. Die Eintrittspforte der Allergene ist allerdings meist die Schleimhaut der äußeren Atemwege, so daß die etwaige Wirkung feinerer Bestandteile (Linkes „Mikroallergene“ [2]) hier nur eine geringe Rolle spielen dürfte. Boehm führt die von ihm beobachtete Besserung bei mehreren Asthmapatienten bei einer Bergbahnfahrt Reichenhall—Predigtstuhl auf die Abnahme der Kernzahl (im Verhältnis 5 : 1) zurück, wobei er alle anderen Wirkungsfaktoren (bis auf den Luftdruck usw.) ausschalten kann. Auch wäre es denkbar, daß der von Storm van Leeuwen und seinen Mitarbeitern beobachtete Rückgang der Föhnempfindlichkeit beim Einatmen gewaschener Luft (Booij) auf eine allergische Wirkung gewisser Kernsorten bei Föhn deutet.

Die biologische Bedeutung des Kerngehaltes der Luft hängt also offenbar viel mehr von der Kern*art* als von der Kern*zahl* ab. Der rein quantitativen Forschung sind hier Grenzen gesteckt, die erst nach einer Ausweitung der Methoden auf die qualitative Seite erfolgreich überschritten werden können.

5. Hygienische Bedeutung des Kerngehalts der Luft in Stadt und Land.

Aus der *Tatsache der Retention* eines großen Teiles der *Kerne* in den Atemwegen, vor allem innerhalb der Lunge, folgert, daß die Kernzahl (und die Kernqualität) auch vom *hygienischen* Standpunkt erhöhte Beachtung verdient und auch erfährt. Die Kernzahl galt als ein *Maß der Verunreinigung* der Luft; insbesondere gilt dies auch heute noch mit Recht für die Verbrennungskerne oder die „industriellen Keime" (SCHMAUSS und WIGAND). Daß diese Verunreinigung der Luft nicht das einzige biologisch wirksame Klimaelement ist, bedarf keiner näheren Erörterung. Messungen der Kernzahl an längst erfahrungsmäßig anerkannten Hochgebirgskurorten haben gezeigt, daß die besonders geschätzten Eigenschaften mancher dieser Kurorte, wie Windschutz, Häufigkeit und Intensität der direkten ultravioletten Strahlung, offenbar notwendig verknüpft sind mit außerordentlich hohen Kernzahlen, wie wir sie sonst nur in Industriegebieten finden. Dieses Zusammentreffen wird durch lokal häufige Inversionen in der bodennahen Luftschicht verstärkt und kann durch entsprechende Wahl lokalklimatisch günstiger Hanglagen oberhalb des regelmäßig zu beobachtenden Dunsthorizontes ausgeschaltet werden. Deshalb darf man noch nicht (mit EGLOFF) die Kernzahl als unwesentliche bioklimatische Größe betrachten und sie als Verunreinigungsmaß ablehnen. Zweifellos ist die Staubzahl als Maß der gröberen Verunreinigungen hygienisch ebenso bedeutsam, aber die Kernzahl ist gerade als Indikator der feineren Veränderungen in der Atmosphäre sehr wichtig, um so mehr, als die Kerne im Gegensatz zu Staub (s. S. 91) bis in die tiefsten Atemwege vordringen.

Durch die viel *geringere Sinkgeschwindigkeit* der Kerne bedingt, die bei einem Radius von 0,01 μ nur etwa $^1/_2$ mm pro Stunde beträgt (gegenüber etwa 1 cm pro Stunde bei Staub), reicht ihre *Ausbreitung von der Kernquelle* sehr viel weiter als bei Staub. Deshalb ist es auch nicht erstaunlich, daß die Wirkung der Großstadt Berlin sich noch in dem etwa 50 km entfernten Müncheberg bemerkbar macht (s. S. 62), ebenso auch übrigens in den mit den Niederschlagswässern abgesetzten Verunreinigungen. Ob letztere Tatsache auf einen Transport der bereits über der Großstadt kondensationswirksamen Kerne oder auf ein Auswaschen der bis hierher ohne Kondensation transportierten Kerne zurückzuführen ist, ist hier gleichgültig; jedenfalls geht aus diesen wie ähnlichen Messungen in Bad Elster, Bad Warmbrunn sowie bei Freiballonfahrten (DÖRFFEL, LETTAU und RÖTSCHKE) hervor, daß die Ausbreitung der Kerne von der Kernquelle sowohl durch Diffusion wie durch Austauschströme in ihrer Größe kaum überschätzt werden kann. Die wirksame Entfernung überschreitet sicher 20 km.

Aus dieser geringen, wohl unmeßbaren Sinkgeschwindigkeit ergibt sich auch die verschiedentlich — u. a. von MACK und FLACH (s. S. 105) — festgestellte Tatsache der im Vergleich zu Staub nur relativ geringen *Filterung* durch Wälder und Parkanlagen. Die *Entlüftung* von Siedlungen ist schon durch recht schwache Luftströmungen möglich, wie sie schon die normalen Ausgleichsströmungen jeder Schönwetterlage zwischen Talsohle und Hang, zwischen Stadt und Land, zwischen Wald und Flur sowie besonders der im Mittel- und Hochgebirge weit verbreitete Wechsel zwischen dem nächtlichen Bergwind und dem tagsüber wehenden Talwind bewirken können.

Die meisten typischen Eigenschaften des *Großstadtklimas*, wie sie aus den zusammenfassenden Darstellungen von BREZINA und W. SCHMIDT sowie von KRATZER entnommen werden können, finden ihre tiefere Ursache in der besonderen Kernhäufigkeit der Großstadt (vgl. Tabelle 3, S. 38).

Industrie und (im Winter) Hausbrand tragen beide gleichermaßen zu der starken Kernproduktion bei, die besonders die Industriezentren auszeichnet.

Gerade die unvollständige Verbrennung scheint mit ihren lockeren Molekülhaufen die meisten hygroskopischen Kerne hervorzubringen. Eine Angabe auch nur über die Größenordnung der Kernproduktion einzelner Kernquellen ist im Augenblick nicht möglich; irgendwelche Untersuchungen darüber fehlen fast völlig. LANDSBERG [5] gibt an, daß bei einem einzigen Zigarettenzug 4 Millionen Kerne entstehen.

Die *Kernproduktion der Großstadt* ist mit eine Ursache der stärkeren Lufttrübung; die vom Flugzeug usw. so oft zu beobachtende „Dunsthaube" rührt in erster Linie von den bei den normalen Feuchtigkeitswerten nur schwach (durch ihre Hygroskopizität) wachsenden Kernen her. Diese Dunsthaube aber ihrerseits verursacht den bis zu 15, ja 20% der Sonnenstrahlung betragenden Strahlungsverlust der Großstädte, ebenso die gesteigerte Kondensation mit den für die Bahnhofs- und Industrieviertel kennzeichnenden häufigen Nebeln und Sprühregen sowie mindestens teilweise (durch Abschirmen der nächtlichen Ausstrahlung) das Fehlen der nächtlichen Abkühlung. Wenn, wie so häufig, die Dunsthaube mit einer allgemeinen, schwächeren Luftströmung ziemlich geschlossen weitertransportiert wird — besonders schöne Fälle dieser Art hat W. SCHMIDT (s. BREZINA und SCHMIDT) für Wien beschrieben —, dann beeinflußt die Kernproduktion der Großstädte auch indirekt das Klima ihrer weiteren Umgebung. Es ist noch nicht eindeutig geklärt, ob der kurzwellige und ultraviolette Teil der Sonnenstrahlung, wie vielfach vermutet, stärker geschwächt wird als der langwellige Anteil; die gegensätzlichen Meßergebnisse von BÜTTNER in Berlin und GRUNDMANN in Breslau lassen eine allgemeine Entscheidung noch offen (vgl. KRATZER). Die Schwächung der UV-Strahlung mit wachsender Kernzahl hat neuerdings LANDSBERG [6] bestätigt.

Diese Verhältnisse spielen eine besondere Rolle im Rahmen der großzügigen *Raumordnung* des nationalsozialistischen Reiches. Wenn die viel zu dicht bebauten Großstädte wie Berlin, Wien und Hamburg durch umfangreiche Siedlungsbauten und Straßendurchbrüche aufgelockert werden, wenn in den mittelalterlichen Stadtkernen von Braunschweig und Frankfurt a. M. die Hinterhäuser zur Schaffung hygienisch einwandfreier Wohnviertel herausgerissen werden, dann wird auf diese Weise auch die Kernproduktion vermindert oder mindestens auf eine weitere Fläche verteilt. Umgekehrt treten bei der Neugründung riesiger Industriewerke, wie in Salzgitter oder Linz, neue Kernquellen in Erscheinung, die das Klima der Umgebung mehr oder minder stark verändern können. Bei der Planung der zu diesen Industriezentren gehörigen Wohnsiedlungen wird bereits diese Tatsache berücksichtigt und das Wohngebiet möglichst in der bei gegebener Windverteilung am wenigsten beeinflußten Zone angelegt. Trotzdem ergibt sich die Notwendigkeit, im Rahmen des Kurortklimadienstes diese *anthropogenen*, bioklimatisch wichtigen *Klimaänderungen* laufend zu überwachen, und die Kernzahl ist eines der am feinsten reagierenden Anzeichen einer derartigen Änderung. Die allgemeine, ungünstige Rolle der *Stagnation*, des zu großen Windschutzes im Grunde von Tälern, besonders vor Engtalstrecken und Windungen, wirkt sich auf die Kernzahl immer dann besonders aus, wenn Kernquellen durch Industrie, Hausbrand usw. vorhanden sind. Als eines der unheilvollsten Beispiele soll auch hier die Nebelkatastrophe im Maastal im Dezember 1930 angeführt werden, wo durch eine niedriggelegene antizyklonale Sperrschicht im Tal der Maas bei Huy tagelang jeder Luftaustausch unterbunden wurde und so eine Luftschicht von rund 60 m Dicke sich mit den giftigen, fluor- und schwefelhaltigen Abgasen einer bestimmten industriellen Anlage anreichern mußte. Die Diffusion genügt in solchen Fällen nicht zur Entlüftung, die nur durch den Austausch (durch Konvektion wie durch Turbulenz) in genügender Weise durchgeführt werden kann. Für unsere Betrachtung ist es hier gleichgültig, ob es sich um gasförmige Exhalationen, um Adsorption an Kernen oder um Kernbildung handelt; die Wirkung vollzog sich hier nach allen Angaben innerhalb der tieferen Atemwege.

Die auftretenden *klimatischen Schwankungen* der Kernzahl sind bereits im Zweiten Teil näher erörtert worden. Es muß dazu nur erwähnt werden, daß die allgemeine, schon von WIGAND [2] bei Freiballonfahrten entdeckte Abnahme der Kernzahl mit der Höhe natürlich in Bodennähe durch zahlreiche Ausnahmen umgekehrt werden kann. Bei der vorwiegend anthropogenen Natur jedenfalls der „kontinentalen“ Kerne kann es durchaus vorkommen, daß die Kernzahlen in einem zwar hochgelegenen, aber besonders windgeschützten Ort mit häufigen winterlichen, bodennahen Inversionen zu Werten ansteigen, wie sie selbst in der Großstadt nur selten gefunden werden (vgl. EGLOFF). Wenn diese hohen Kernzahlen in der bodennahen Luftschicht nun etwa bei Föhn abgelöst werden durch sehr kernarme Luft aus größeren Höhen, dann treten hier sehr starke Schwankungen in kurzer Zeit auf.

Diese lokalklimatisch bedingten Schwankungen sind wesentlich stärker als die durch Wettervorgänge, z. B. im Verlauf von Fronten vorkommenden. Ein Mensch, der aus einem rauchigen Gasthaussaal ins Freie tritt, erlebt ganz erheblich größere Schwankungen der Kernzahl als beim Durchzug einer starken Kaltfrontböe.

6. Hygienische Bedeutung des Kerngehalts der Zimmerluft.

Auch für die Beurteilung des *Zimmerklimas* ist die Kernzahl hygienisch ebenfalls von großer Bedeutung, worauf besonders JUSATZ hingewiesen hat. Die bisherigen Untersuchungen ergaben nahezu übereinstimmend eine Steigerung der Kernzahl im Zimmer gegenüber der Freiluft. Sowohl AMELUNG und LANDSBERG wie MACK finden eine erhöhte Kernzahl im Zimmer, die um so mehr ansteigt, je weniger durch Lüftung ein Austausch mit der Freiluft stattfinden kann und je mehr Kernquellen (Heizung, Rauchen usw.) vorhanden sind. In Küchen, Heizungskellern sowie Zimmern mit Ultraviolettstrahlungsgeräten wurde schon eine Steigerung der Kernzahl auf mehr als das 20fache gegenüber Freiluft beobachtet.

Tabelle 22. Kerngehalt in Frei- und Zimmerluft.

Ort	Kerngehalt bezogen auf Freiluft = 1	Quelle
Gartenliegehalle	1	AMELUNG-LANDSBERG
Liegebalkon	1,05	MACK
Hausliegehalle, luftig	1,15	AMELUNG-LANDSBERG
Zimmer mit Warmwasserheizung, gelüftet	1,53	MACK
Zimmer mit Warmwasserheizung, leicht gelüftet	1,85	AMELUNG-LANDSBERG
Zimmer mit Warmwasserheizung, ungelüftet	2,53	MACK
Rauchzimmer, geheizt	9,4	AMELUNG-LANDSBERG
Heizkeller, Küche	20—22	AMELUNG-LANDSBERG

Aitken hat (nach Landsberg [6]) bereits die Steigerung des Kerngehaltes durch Gasbeleuchtung untersucht und eine Zunahme auf das 30fache festgestellt. Auf Schiffsreisen fand Knoche in Kabinen und Maschinenräumen noch erheblichere Steigerungen, was bei dem geringen Kerngehalt der Außenluft auf hoher See und der starken Kernproduktion der Maschinen voll verständlich ist.

Die gemessene Zunahme in vollbesetzten Speisesälen, Schulräumen usw. rührt nach den oben angeführten Ergebnissen sicher nicht von der menschlichen Atmung her, die ja im Gegenteil durch Resorption eine Verminderung der Kernzahl bewirkt. Vielmehr müssen hier andere Kernquellen wirksam sein; so beobachteten Amelung und Landsberg (vgl. Landsberg [6]) eine starke Erhöhung der Kernzahl nach einer Gymnastikstunde, die sie wohl mit Recht auf die Schweißproduktion des Körpers zurückführen. Die entgegengesetzten Befunde Egloffs in Davos (im Mittel von rund 1000 Beobachtungen im Zimmer usw. nur 18% der Kernzahl der Freiluft) sowie von Giner und Hess in Innsbruck (31%), erklären sich wohl aus den dort bereits besprochenen lokalklimatischen Eigenarten; die auffallend hohe Kernzahl im Freien wird im Zimmer infolge der anderen Feuchtigkeitsverhältnisse teilweise zur Kondensation verbraucht.

Der *Feuchtigkeitsgehalt* der *Raumluft* ist überhaupt von entscheidender Bedeutung für die Größe der Kernzahl (Amelung und Landsberg, Egloff). Hängt man in kernreichen Räumen feuchte Tücher auf oder steigert auf ähnliche Weise die Feuchtigkeit, so sinkt die Kernzahl rasch. Wahrscheinlich hängt dies damit zusammen, daß die hygroskopischen Kerne bei höheren Feuchtigkeiten durch Aufnahme von Wasserdampf aufquellen und durch die größere Sinkgeschwindigkeit zu Boden sinken. *Kernvermehrend* wirkt im Gegensatz hierzu jede Art von Heizung, natürlich in besonderem Maß das Rauchen; wie bereits erwähnt, gibt Landsberg [5] die Zahl der durch einen einzigen Zigarettenzug erzeugten Kerne mit 4 Millionen an. Gerade in rauchigen Zimmern ist die Kernzahl oft so groß, daß selbst bei stärkster Verdünnung der in den Kernzähler eingefüllten Luftprobe die vorhandene Wasserdampfmenge nicht ausreicht, um einzelne Tröpfchen sichtbar zu machen; vielmehr fällt lediglich ein schwacher Nebel nieder. Der Kerngehalt übersteigt in solchen Fällen meist mehrere Hunderttausend Kerne im ccm. Kernvermehrend wirken weiterhin Zerstäuberanlagen durch den Lenard-Effekt (Linke [4]), sowie Ultraviolettstrahlungsgeräte durch Ionisation der Luft. Bei einem derart abnorm hohen Kerngehalt scheint der Resorptionskoeffizient zurückzugehen; Amelung und Landsberg fanden in einem Rauch zimmer eine Resorption durch Atmung von nur 10%. Trotzdem sind die resorbierten Kernmengen auch dann noch sehr hoch.

Der *Kerngehalt im Zimmer* verteilt sich bei stationärer Strömung (z. B. ungelüftetes, ungeheiztes Zimmer) mehr oder minder rasch nach den Grundsätzen der Sedimentation. Amelung und Landsberg haben daher in Bodennähe eine kernreichere Schicht aufgefunden. Wird nun das Zimmer *gelüftet*, so strömt vom Fenster her die meist kältere Frischluft ein; die Kernzahl sinkt — in Fensternähe — rasch ab. Dann aber wirbelt die verstärkte Strömung die bodennahe Kernschicht auf und steigert so den Kerngehalt. Erst nach etwa $^1/_2$ Stunde hat sich der Kerngehalt ungefähr der Außenluft angepaßt. Die *Reinigung* des Zimmers steigert, wenn sie nicht mittels kernbildender Substanzen (Bohnerwachs) vorgenommen wird, den Kerngehalt nicht stärker als die Lüftung, und zwar ebenfalls durch Aufwirbelung der bodennahen Kernschicht. Im ungelüfteten Zimmer steigt die Kernzahl je nach den vorhandenen Kernquellen auf das vielfache der Außenluft an; der Mensch schafft sich auf diese Weise selbst in fast reiner Gebirgsluft eine Großstadtatmosphäre (AMELUNG).

Die *Kernquellen* der *Zimmerluft* sind neben Rauchen und Heizung in erster Linie geruchsbildende Substanzen, wie Bohnerwachs und Schweiß. Bei den hohen Kernzahlen hat nach den erwähnten Beobachtungen von AMELUNG, LANDSBERG und MACK ein immerhin nicht ganz zu vernachlässigender Teil der Kerne bereits einmal die Atmungsorgane durchlaufen. Hierbei ist eine Veränderung der Oberflächeneigenschaften oder Abgabe adsorbierter Bestandteile durchaus in Erwägung zu ziehen, selbst wenn man von DESSAUERS [2] hypothetischen Strahlungen absieht. Dagegen sind die *Kernquellen* der *Freiluft* (außer der Heizung) Abgase industrieller Natur der verschiedensten chemischen Zusammensetzung (nitrose, schwefel- und phosphorhaltige Gase), daneben organische Geruchsstoffe, vielleicht der Boden, und auch „maritime“ Salzkerne. Im allgemeinen dürfte — von Massenversammlungen usw. abgesehen — der Anteil der bereits durch die Atmung gelaufenen Kerne erheblich geringer sein. So unterscheidet sich die Freiluft nicht nur in der Kernzahl, sondern auch in der Kernqualität ganz erheblich von der Raumluft; vielleicht liegt hierin der Schlüssel für die unterschiedliche Wirkung von Freiluft und Zimmerluft, die sich aus den Temperatur- und Feuchtigkeitsverhältnissen allein nicht verstehen läßt.

Für alle Luftfilter z. B. bei Klimaanlagen muß die Kerndurchlässigkeit ebenso nachgeprüft werden wie die Staubdurchlässigkeit. Insbesondere ist dies der Fall bei allergenfreien Kammern, wie solche zur Behandlung des allergisch bestimmten Bronchialasthma in Gebrauch sind. Es wäre überhaupt zu erwägen, ob nicht in *Klimaanlagen* Filter zur Entkernung der Luft eingebaut werden sollten, um die Vorbedingungen zum Gefühl der Behaglichkeit, der Frische, auch in dieser Hinsicht zu schaffen. Nach den neuesten Untersuchungen von LINKE [4] kann durch Auswaschen der Luft keine völlige Kernlosigkeit der Luft erreicht werden; die durch Zerstäuben von Wasser erzeugten Kerne haben jedoch anscheinend eine andere Natur und werden nicht als luftverunreinigend empfunden. Die in Vortragssälen, Kinos usw. bisweilen übliche Zerstäubung angenehm riechender Substanzen vermag lediglich die Geruchsreize zu übertönen (JUSATZ); der Kerngehalt der Luft als Maß ihrer Verunreinigung wird hierdurch höchstens noch gesteigert, ebenso wie der von PETTENKOFER eingeführte Kohlensäuremaßstab nicht beeinflußt wird.

7. Ausblick.

Wie wir sahen, hat der Gehalt der Luft an Kondensationskernen in zweifacher Hinsicht eine bioklimatische Bedeutung. Einmal muß — nach dem grundsätzlich geführten Nachweis einer Resorption der Kerne bei der Atmung — untersucht werden, ob die Kerne (oder doch eine bestimmte Kernsorte) eine pharmakodynamische, evtl. sogar eine pathogenetische Wirksamkeit entfalten. Zweitens aber müssen vom hygienischen Standpunkt aus die Kerne als Indikatoren für die Luftbeschaffenheit angesehen werden. In beiden Fällen beginnt sich jedoch bereits jetzt das Schwergewicht der Fragestellung von der bisher ausschließlich quantitativen Betrachtung auf die qualitative Seite zu verschieben. Wesentlicher als die Frage nach der *Zahl der Kerne* ist die nach ihrer *Art*, nach ihrer *chemischen*

Zusammensetzung, nach ihrer *Entstehung*. Hierfür müssen noch neue Untersuchungsmethoden geschaffen werden. Die rein physikalischen reichen offenbar nicht mehr aus; chemische müssen an ihre Seite treten. Die Schwierigkeiten des ganzen Problems dürfen niemals unterschätzt werden; sie ergeben sich von selbst aus der sehr geringen Größe der Kerne von ungefähr ein hunderttausendstel Millimeter. Trotzdem darf man von ihrer Überwindung wichtige Erkenntnisse nicht nur für die allgemeine Bioklimatologie, sondern auch für die Klimatherapie erwarten.

Vierter Teil.

Ergebnisse von Kern- und Staubuntersuchungen im westsächsischen Mittelgebirge.

Von E. FLACH-Berlin.

1. Zur Meßmethodik.

Für die *Kernzählungen*, die während der Jahre 1936 und 1937 durchgeführt wurden, ist das kleine Modell des SCHOLZ*schen Kernzählers* benutzt worden. Während bei *ortsfesten Untersuchungen in Bad Elster* die Luftprobeentnahme stets auf der Turmplattform der Dienststelle erfolgte, wurden bei *lokalklimatischen Meßfahrten* dieselben im offenen Kraftwagen während der Fahrt oder, falls dies wegen der Witterungsverhältnisse nicht möglich war, während einer Fahrtpause in einiger Entfernung vom Auto durchgeführt. Die Messungen selbst wurden in einem Raum der Dienststelle bzw. im Kraftwagen vorgenommen. Das oft als lästig empfundene Beschlagen der Deckgläser konnte durch Anwärmen mit der Hand bzw. mit den Fingern, in hartnäckigen Fällen mit Hilfe einer kleinen Glühbirne meistens vermieden werden; ein bewährtes Mittel stellt der elektrische Fön dar, falls er mit Bedacht angewandt wird; im allgemeinen genügt ein Beblasen der Gläser von 4—6 Sekunden Dauer, um eine Minute später mit dem niederschlagsfreien Instrument arbeiten zu können. Die Probeentnahme bei ortsfesten Messungen auf der Turmplattform war aus zweierlei Gründen erforderlich: Einmal sollte ein hinreichend guter Vergleich von Windrichtung und -stärke, die von einem dort aufgestellten Windmesser „Universal" registriert werden, mit den Kernzahlen möglich sein; andererseits mußten Fehlerquellen, wie sie bei Probeentnahmen durch ein geöffnetes Fenster eines oberen Stockwerkes zuweilen sich einstellen, ausgeschaltet werden. Solche können entstehen durch Stau- bzw. Saugwirkungen am Hause, wobei Austritte von Abgasen, Rauchen und Dünsten aus Räumen des benutzen Hauses und der etwa eng benachbarten Gebäude mitwirken. Um gerade diese Fehlerquellen einmal nachzuprüfen, wurden gelegentlich gleichzeitige Probeentnahmen von Turm und Fenster verglichen, wobei sich mehrfach Unterschiede von 30—50% ergaben, und zwar in dem Sinne, daß die Fenstermessungen erhöhte Werte zeigten. Weiter ist bei Vornahme der Messungen stets auf die erforderlichen Maßnahmen geachtet worden, wie mäßige Befeuchtung des Fließpapiers, stets gute Reinhaltung des Rezipienten, richtige Stellung des Rührflügels beim Einpumpen der Luftprobe, kein Beklopfen des Fließpapiers durch den Rührflügel beim Rühren. — Im ganzen wurden etwa 1300 Kernwerte erhalten, die aus je 2—4 Einzelmessungen sich zusammensetzen; rund 90 Tagesgänge mit 10—12 Stundenwerten sind ermittelt. — Eine Prüfung der Instrumentenkonstanten ergab, daß das Gesamtvolumen des Rezipienten 99 ccm und die Höhe des Rezipienten 4,1 cm beträgt

Die *Staubmessungen* sind mit *dem Zeißschen Freiluftkonimeter* (*Handpumpenmodell*) durchgeführt worden. Es wurde folgende Meß- bzw. Auswertemethodik angewandt: Um möglichst gleichmäßige Staubverteilungen im mikroskopischen Bild zu erhalten, war ein rasches Pumpen der Luft durch die Staubdüse, die mit einem vorgeschalteten Drahtgazefilter von 50 μ Porenweite zur Abhaltung gröberer Verunreinigungen versehen war, erforderlich. Als Klebemittel für die

Staubscheiben wurde an Stelle des empfohlenen Gummiglycerins Kalodermagelee verwendet. Dasselbe hat den Vorteil, daß die mit ihm bestrichenen Scheiben — wichtig ist, daß das Mittel sehr dünn aufgetragen und stark verrieben wird — sofort benutzbar sind. Außerdem treten Fehlerquellen, wie ein Eindringen der Teilchen in das Klebemittel bzw. ein Darüberhinweggleiten derselben, wie bei Verwendung von Gummiglycerin, nicht auf. Für die Auswertung wurde die Sektorenmethode unter Anwendung einer 400fachen Vergrößerung im Mikroskop benutzt. Die Staubauszählungen erfolgten bei Dunkelfeldbeleuchtung, da Hellfeldauszählungen bis zu 20% niedrigere Werte ergaben. Im ganzen sind rund 700 Staubwerte bestimmt worden[1].

Mit den Messungen des Kern- und Staubgehaltes wurden mehrfach gleichzeitig *Großionenzählungen* verknüpft, um ein vollständiges Bild über das Verhalten des Aerosols zu bekommen. Diese erfolgten mit dem Israël-Köhler*schen Ionenzähler* bei einer Grenzbeweglichkeit von kg $\geqq 2{,}5 \cdot 10^{-4}$ cm^2/Volt · sec. Für die Großionen liegen etwa 250 Werte vor.

Im folgenden wurde die *Bearbeitung der Kernzählungsergebnisse in den Vordergrund gestellt,* die Resultate der Staub- und Ionenuntersuchungen zunächst nur zum Vergleich herangezogen.

2. Bearbeitung der Meßergebnisse.

Um das Verhalten der Kernzahlen und der übrigen Beimengungen der Luft zu untersuchen, ist es üblich, dieselben mit einzelnen meteorologischen Elementen oder Elementenkomplexen (Luftmassen bzw. Luftkörpern) zu vergleichen. Bei den bisherigen im ganzen nicht zahlreichen Arbeiten über Kernzählungsergebnisse wurden folgende Betrachtungen in den Vordergrund gerückt:

a) *Vergleiche mit der relativen Feuchtigkeit.* Nach zunächst widersprechenden Feststellungen hat sich in neueren Arbeiten (Bossolasco [2], Neuberger [3]) ergeben, daß der Kerngehalt der Luft in keinerlei Beziehungen zu diesem Feuchtigkeitsausdruck steht. Wie bei den früheren Großionenuntersuchungen (Fach [1]) konnten auch bei den Kernzählungen in Bad Elster keine bemerkenswerten Zusammenhänge mit der relativen Feuchtigkeit gefunden werden.

b) *Vergleiche mit der Sicht.* Hierbei wurde zuweilen eine Abhängigkeit in dem Sinne gefunden, daß mit zunehmender Sicht eine Abnahme der Kernzahl verbunden ist. Unter Einbeziehung der neueren Untersuchungen (Neuberger [3]) ist nunmehr die Feststellung möglich, daß diese Beziehungen nur für Meeresluft, nicht aber für Festlands- und Siedlungsluft Gültigkeit haben. Das konnte bei unseren Arbeiten bestätigt werden.

c) *Vergleiche mit der Windrichtung.* Hierbei wird der Siedlungseinfluß auf die Luftbeschaffenheit in bezug auf einen stationären Meßpunkt ermittelt, wobei Rückschlüsse auf die Kernverteilung über einer Siedlung ermöglicht werden. Diese Methode wurde mehrfach angewandt, um die einzelnen örtlichen Einflüsse auf den Kerngehalt der Luft festzustellen.

d) *Vergleiche mit der Windgeschwindigkeit.* Diese sind verhältnismäßig gering. Soweit Ergebnisse vorliegen, zeigte sich im allgemeinen, daß mit zunehmender Luftversetzung eine Abnahme der Kernzahl einhergeht.

[1] Die Angestellte der Kurortklimakreisstelle Bad Elster, Fräulein Gerda Rank, hat sich durch ihre verständnisvolle Mitarbeit bei der Auszählung der mit dem Freiluftkonimeter gewonnenen Staubbilder besonders verdient gemacht.

e) *Vergleiche mit den Luftmassen.* Die wenigen bis jetzt vorliegenden Vergleiche von Kernwerten und Luftmassen bzw. Luftkörpern lassen bereits erkennen, daß bemerkenswerte Besonderheiten vorhanden sind, und zwar in dem Sinne, daß Meeresluftmassen allgemein einen geringeren Kerngehalt aufweisen als kontinentale, ebenso wie ein und dieselbe Luftmasse im alternden (ruhenden) Zustand — wenigstens in kontinentalen oder kontinentnahen Gebieten — kernreicher ist als dann, wenn sie in rascher Strömung von ihrem Ursprung zum Beobachtungsort gelangte (vgl. Punkt d).

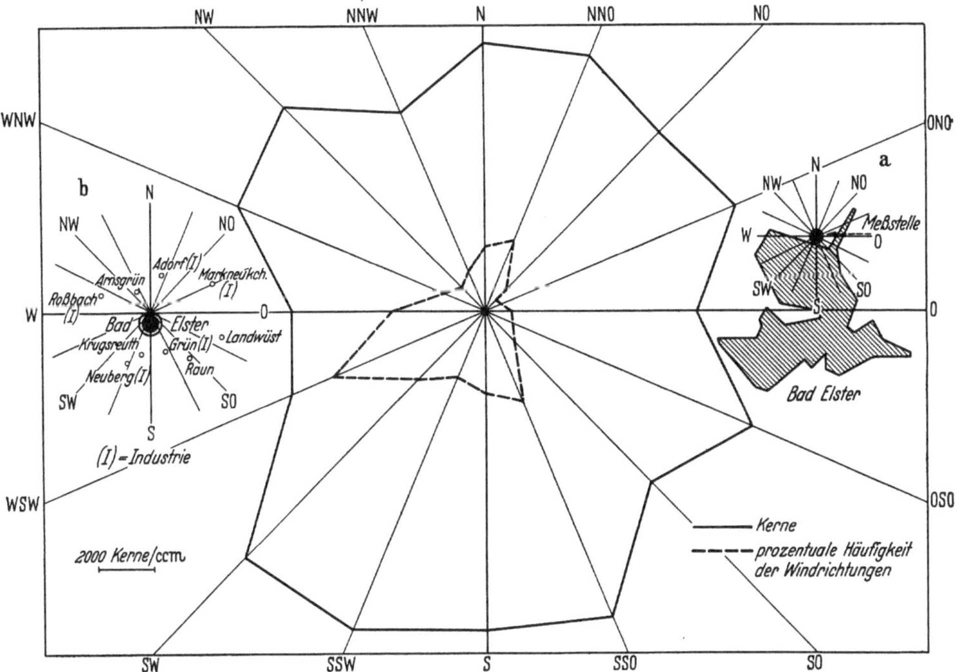

Abb. 13. **Kernzahl und Windhäufigkeit in Bad Elster. (Meßperiode 1936/37.)**

Eine Bearbeitung der vorliegenden Meßergebnisse nach den Gesichtspunkten *a* und *b* kam aus den angeführten Gründen in Wegfall. Dagegen wurde *Kernzahlbetrachtungen im Zusammenhang mit den Elementen der Windrichtung und der Windgeschwindigkeit* besondere Aufmerksamkeit geschenkt, gerade auch im Hinblick auf *bioklimatische Fragestellungen*, die naturgemäß die *Entlüftung von Siedlungen* und deren nähere Umgebung betreffen. Schließlich soll zum Problem „Kernzahl und Luftmasse" Stellung genommen werden.

Abb. 13 zeigt die *Abhängigkeit des Kerngehaltes der Luft* über Bad Elster *von der mittleren stündlichen Windrichtung* (vor dem Meßtermin), wie sie sich nach Untersuchungen an der Dienststelle, die am Nordrande der Siedlung etwa 30 m über der Talsohle an einem offenen Südhang gelegen ist, ergibt. Sehr markant tritt der hohe Kerngehalt der Luft bei N- bis ONO-, bei SSO- bis SW- und bei WNW- und NW-Winden hervor, während derselbe bei den übrigen Richtungen, besonders aber bei WSW- und W-Winden stark zurückgeht. Aus der kleinen *Nebenkarte a* läßt sich entnehmen, daß die relativ erhöhten Kernwerte südlich der WO-Achse von den dort liegenden Siedlungsteilen mit ihren Raucherzeugern (Hotels, Pensionen) stammen. Zunächst ungeklärt bleibt auf diese Weise die Erhöhung der Kernwerte im NW- und NO-Quadranten, da direkt in nordwestlicher und nordöstlicher Fortsetzung des Geländes bei der Dienststelle keinerlei Baulichkeiten vorhanden sind, vielmehr ein umfangreiches

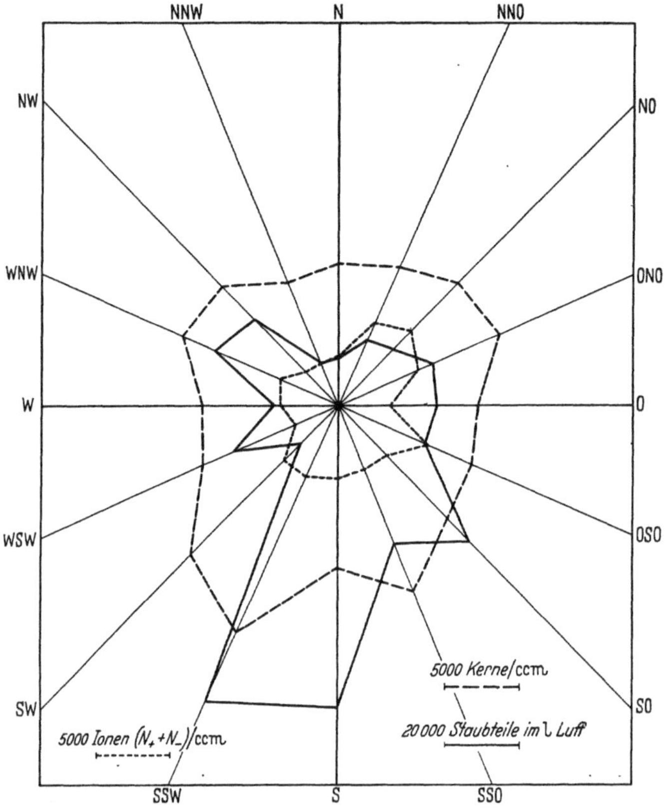

Abb. 14. Kern-, Staub- und Ionengehalt der Luft in Bad Elster. (Meßperiode 1937.)

Waldgebiet sich anschließt. Die Antwort auf diese scheinbar offene Frage gibt die *Nebenkarte b*, aus der hervorgeht, daß die 4—8 km nordwestlich und nordöstlich vom Beobachtungspunkt gelegenen Industrieorte Roßbach, Adorf und Markneukirchen bei entsprechender Luftströmung einen Teil ihrer Luftverunreinigungen Bad Elster abgeben. In derselben Weise dürfte anzunehmen sein, daß die industriereichen Orte Grün und Neuberg einen gewissen zusätzlichen Anteil an der über Bad Elster gefundenen Kern- und Staubverteilung haben. Bemerkenswert hierbei ist, daß in diesem Falle Berge und besonders Wälder kein hinreichendes Hindernis bzw. Staubfilter bilden, sondern daß die Strömung, mit ihrer verunreinigten Luft dem Gebirgsprofil folgend, ihre Staub- und Kernbestandteile weithin über die Berge, Täler und Wälder hinweg mit sich tragen kann. Dies macht auch die *Abb. 14* deutlich, in der auf diese Weise die entsprechende *Windrichtungsabhängigkeit* für das *Kern-*, *Staub-* und *Großionenaerosol* im Beobachtungszeitraum **1937** dargestellt ist. Es geht daraus hervor, daß Messungen des Staubaerosols mit dem Freiluftkonimeter die Abhängigkeit des Gehaltes der Luft an gröberen Suspensionen von der Windrichtung bzw. Siedlungsverteilung noch markanter aufzeigen können, als Kernzählungen allein es tun; gerade die starke Rußbildung durch die Abgase der kohlenfeuernden und der Meßstelle am nächsten liegenden Siedlungsteile im SO, S und SW findet in der Darstellung einen beredten Ausdruck. Es ist in dieser Hinsicht die Folgerung berechtigt, daß die kleinen Suspensionen (Kerne) viel leichter einer Strömung folgen als die groben Verunreinigungen, die im Falle einer größeren Entfernung der Staubherde und vor allem bei schwacher Strömung der Luft sich leichter absetzen und daher am Beobachtungsort in geringerem Maße zur Messung gelangen. Wie die *Häufigkeitsverteilung der mittleren stündlichen Windrichtungen* während der Meßperiode 1936/37 war, gibt die gestrichelte Kurve (Abb. 13) an. Für die Bioklimatik Bad Elsters günstig ist danach der Umstand, daß die Winde im SW-Quadranten am meisten auftreten, also in einem Gebiet, in dem gerade Siedlungen in der näheren und weiteren Umgebung des Ortes fehlen.

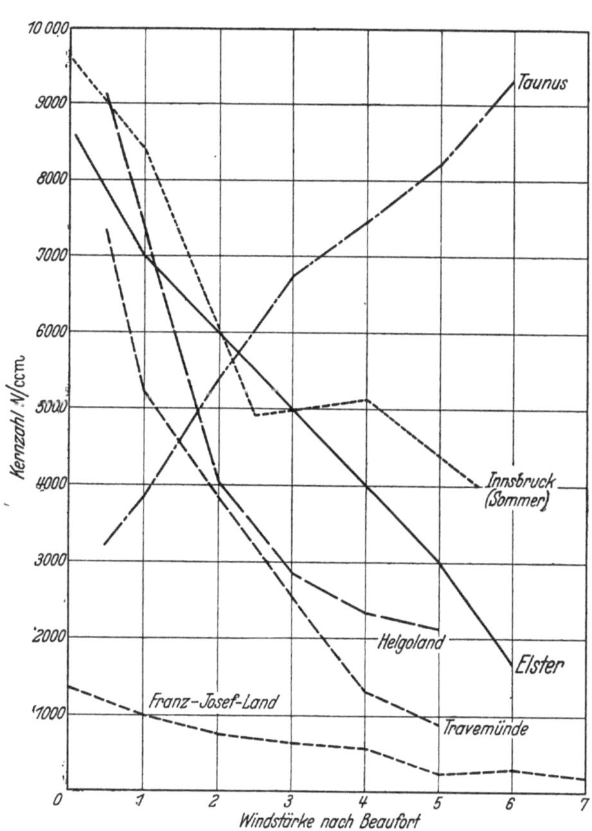

Abb. 15. Kerngehalt und Windstärke.

Zur weiteren Prüfung dieser Ergebnisse sind Untersuchungen über den *Zusammenhang zwischen Kerngehalt der Luft und der Windgeschwindigkeit* von Wert. *Abb. 15* gibt für eine Reihe von Orten diese Beziehungen wieder, die jedoch teilweise erst für diese Darstellung bearbeitet werden mußten. Um vergleichbare Meßergebnisse zu erhalten, war es außerdem erforderlich, die nach Registrierungen erhaltenen Windgeschwindigkeiten von Bad Elster auf die Angaben der Beaufort-Skala umzurechnen; und zwar wurden die zur Zeit der Messungen festgestellten Windangaben verwendet, wie es ja auch von anderen Autoren (Landsberg [1], Mathias, Schachl, Scholz [4], Voigts) durchgeführt worden ist. Für die Schilderung mittlerer Verhältnisse genügen zunächst diese Schätzungswerte. Die Darstellung weist nun nach, daß in den Tälern der Gebirge, an der Küste und auf dem Meere, ja sogar über den Eisfeldern der Arktis *die Abnahme der Kernzahl mit zunehmender Luftversetzung* bestätigt wird. Dieselbe scheint eine mehr gleichmäßige in den Gebirgstälern zu sein, während sie an der See zunächst rasch, dann langsamer erfolgt. Ein genau entgegengesetztes Verhalten weist die leicht geglättete Kurve vom Feldberggipfel im

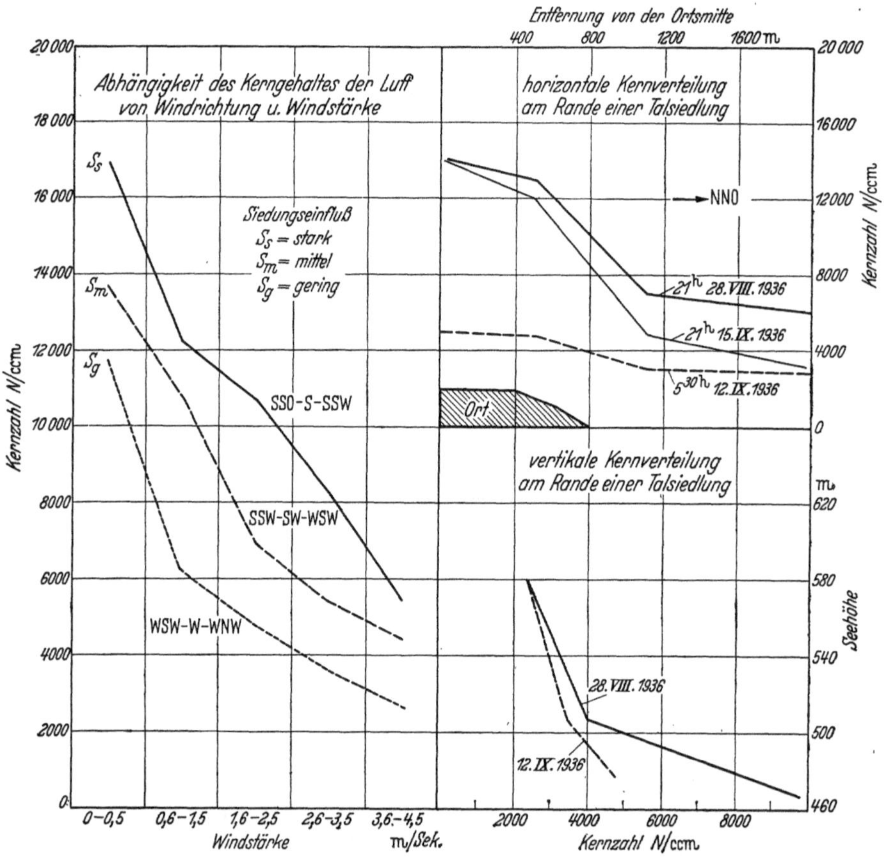

Abb. 16. Siedlungseinfluß auf den Kerngehalt in Bad Elster.

Taunus auf, die lehrt, daß vertikale Austauschvorgänge großen und kleinen Stils Dunst und Rauche aus der Niederung in um so stärkerem Maße nach der Höhe führen, je intensiver die Luftversetzung als solche ist. Im übrigen demonstriert die Darstellung anschaulich die *Alterungsvorgänge innerhalb einzelner Luftmassen.*

Von besonderem Interesse sowohl für die lokalklimatischen Verhältnisse Bad Elsters als auch für *die Windabhängigkeit der Aerosolbestandteile* in den Luftströmungen der Gebirge ist die Frage, ob in jedem Einzelfall, d. h. *für jede Windrichtung*, die in Abb. 15 gebrachten Beziehungen bestehen oder ob Abweichungen in diesem oder jenem Sinne eintreten können. In *Abb. 16* ist die Abhängigkeit der Kernzahlen von der Windgeschwindigkeit (nunmehr aber in m/sec) angegeben und bezogen auf die mittlere stündliche Luftversetzung vor dem Beobachtungstermin für 3 verschiedene Windrichtungssektoren aufgezeichnet, und zwar die Verhältnisse für einen Sektor mit starkem, mäßigem und geringem Siedlungseinfluß; die Sektorenbetrachtung ermöglicht es, die Richtungsböigkeit des Windes weitgehend auszuschalten. Wir entnehmen *folgende Feststellungen:*

1. Der absolute Grad der Luftreinigung bei zunehmender Windstärke ist am größten bei starkem Siedlungseinfluß, am schwächsten bei geringem Siedlungseinfluß.

2. Die Luftreinigung bei mäßigem und geringem Siedlungseinfluß ist bei kleineren Windstärken intensiver als bei größeren Windgeschwindigkeiten. Bei stärkerem Siedlungseinfluß ist die Kernzahlabnahme eine mehr gleichmäßige.

3. Es genügt bereits eine geringe Ventilation (>1,6 m/sec), um eine hinreichende Luftreinigung zu schaffen.

In diesen Tatsachen spiegeln sich einmal die Strömungsvorgänge der Luftmassen wieder, wonach Turbulenz und vertikaler Austausch um so größere Werte annehmen, je intensiver die Luftversetzung überhaupt ist; trotz anhaltender Abgaseerzeugung wird so an windstarken Tagen die mehr oder weniger große Rauchbelästigung vermindert sein können. Gleichfalls treten die Erscheinungen zutage, die bei Abb. 1 schon besprochen worden sind, daß nämlich die Verteilung der näheren und weiteren Siedlungsgebiete für die Frage der Ortsentlüftung von hervorragender Bedeutung ist.

Wie die *Kernverteilung bei Windstille* innerhalb und am Rande einer Talsiedlung sich verhält, zeigt die Darstellung rechts oben, die bei Automeßfahrten gewonnen wurde. Über dem Ort lagert während windstiller Abende ein Dunstkegel, der aber durch Bergwinde während der Nacht und natürlich auch durch das Nachlassen der Abgaseerzeugung fast gänzlich beseitigt werden kann, wie eine morgendliche Automeßfahrt (12. 9.) zeigte. Rechts unten ist die vertikale Erstreckung des Dunstkegels am Rande der Siedlung dargestellt. Man erkennt eine vertikale Erstreckung von etwa 30—40 m. Wie bedeutsam *vertikale Austauschvorgänge für die Siedlungsentlüftung* sind, wird damit auf einfache Weise demonstriert.

Auch bei den vorgenommenen *Staubuntersuchungen* zeigte sich die Windrichtungsabhängigkeit für die einzelnen Sektoren. Auf eine wichtige Besonderheit, die gleichfalls für den Kerngehalt der Luft sich ergab und den Einfluß der vom Meßort entfernter gelegenen Rauchquellen aufzeigt, soll hingewiesen werden.

Tabelle 23. Windstärkeabhängigkeit des Staubgehaltes der Luft in Bad Elster bei verschiedenen Windrichtungen.

Windstärke m/sec	0,5—1,0	1,1—2,0	2,1—3,0	3,1—4,0	4,1—5,0
Richtungssektor SW—WSW—W . .	44080	36070	15370	7590	4370
Richtungssektor N—NNO—NO . .	18640	14720	20570	28050	25400

Tabelle 23 liefert als *Ergebnis der Staubzählungen* für den SW—WSW—W-Sektor die schon beim Kernaerosol festgestellte Abnahme der Teilchenzahl pro Liter Luft mit zunehmender Windstärke; dagegen ergibt sich im N—NNO—NO-Sektor das entgegengesetzte Resultat, also eine Zunahme des Staubes und Rußes, ganz ähnlich, wie es die Verhältnisse auf Berggipfen (vgl. Abb. 15, Taunus) aufweisen. Die Erklärung hierfür gibt die Tatsache, daß für eine außerhalb einer

Siedlung in größerer Entfernung liegenden Rauchquelle (Industriebezirk) die Strömungsgeschwindigkeit der Luftmasse offenbar einen gewissen Schwellenwert (etwa 2 m/sec) überschreiten muß, um den Staub und Rauche über die Berge und Täler hinweg zum Beobachtungsort zu tragen. Bei genügender Raucherzeugung im Ursprungsort wird sodann bei über den Schwellenwert ansteigendem Wind

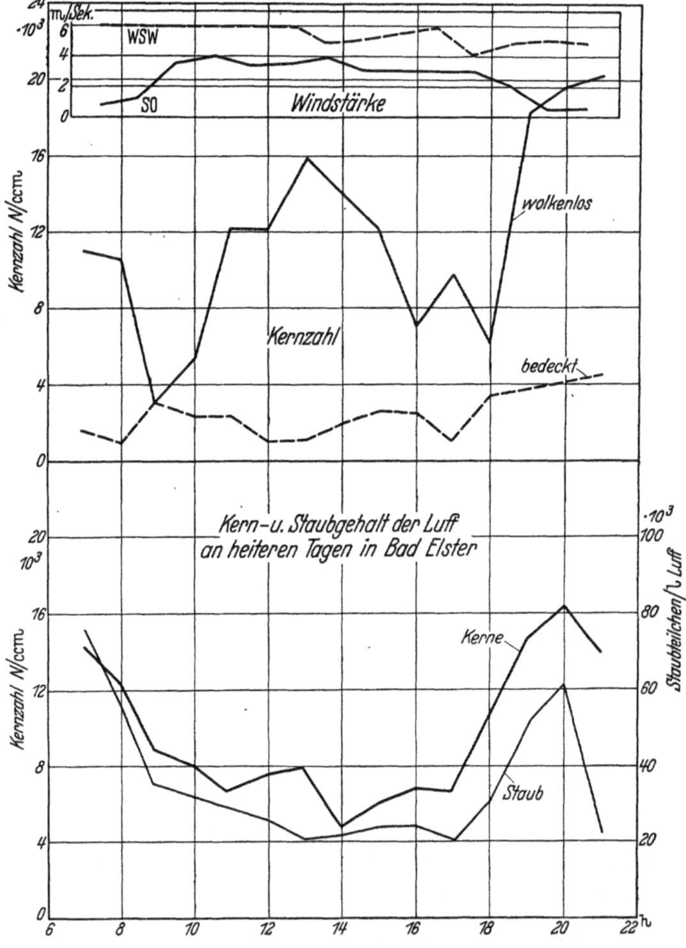

Abb. 17. Tagesgang des Kern- und Staubgehaltes in Bad Elster.

ein direkter Zustrom von verunreinigter Luft aufrechterhalten. Bei schwächerer Luftströmung wird dieselbe teilweise durch Gebirge, durch Berge, Täler usw. mehr abgelenkt, außerdem ist die Möglichkeit zur Absetzung der Suspensionen größer. Wahrscheinlich ist, daß oberhalb eines gewissen Schwellenwertes der Windgeschwindigkeit jedoch wieder eine Abnahme der Kern- und Staubzufuhr eintritt, da infolge der dann gesteigerten Turbulenzerscheinungen eine stärkere Durchmischung Platz greift.

Es ist ersichtlich, daß derartige Aerosoluntersuchungen weitgehende Mittel für *das Erkennen der Entlüftungsvorgänge in einer Siedlung und ihrer Umgebung* bieten, deren Festlegung für die Kurortklimatologie der See- und Gebirgslagen aller Art eine große Bedeutung zukommt.

Ergänzend zu diesen Ausführungen bringt *Abb. 17* eine *Darstellung des täglichen Ganges des Staub- und Kerngehaltes der Luft.* Im oberen Teil der Darstellung ist das Beispiel für einen wolkenlosen und einen trüben Tag unter Beifügung des entsprechenden Windganges angeführt. Charakteristisch für den Gang am heiteren Tag ist der plötzliche Rückgang des Kerngehaltes in den Vormittagsstunden zur Zeit der Auflösung der Tal-Inversion und der beginnenden Konvektion. Danach tritt — wenigstens in den Nordteilen der Siedlung Bad Elsters — bei SO-Wetterlagen sowie bei vorhandener bzw. zunehmender Raucherzeugung ein Anwachsen der Kernzahl im Laufe des Vormittags ein; nachmittags erfolgt bei nachlassender Raucherzeugung ein Kernzahlrückgang bis zum Abend; hier führt sodann wieder gesteigerte Rauchentwicklung zusammen mit der beginnenden Luftstagnation zur Kernanreicherung. Nachts tritt durch den meist vorhandenen Bergwind wieder eine gewisse Siedlungsentlüftung ein. Im Gegensatz hierzu ist der Tagesgang des trüben und windstarken Tages mehr ausgeglichen und der Kerngehalt gegenüber dem heiteren Tag etwa 60—80% geringer. Im unteren Teil der Abb. 17 ist der tägliche Gang des Staub- und Kerngehaltes der Luft wiedergegeben, wie er sich an ruhigen Schönwettertagen (mit schwacher nördlicher Luftversetzung) ergibt; wir finden ein Minimum um Mittag und ein Maximum abends bzw. morgens, vielfach ist noch ein sekundäres Minimum nachts vorhanden (Bergwind!).

Tabelle 24. Kerne und Luftmassen (in der Auszählung nach verschiedenen Tagesstunden).

	10 Uhr	15 Uhr	18 Uhr	Summe	Mittel	
mAK	5400	7500	8700	21600	7200	7960
mGA	8400	7800	9000	25200	8400	
mGT	7400	9500	12000	28900	9630	
mTW	4800	9700	5400	19900	6630	
cAK	5600	7600	6400	19000	6330	8350
cGA	9400	13400	10000	32800	10930	
cGT	11000	10600	11600	33200	11670	
cTW	5400	3200	3800	12400	4130	

Für die *Darstellung der Beziehungen zwischen Kerngehalt und Luftmasse* ist es üblich, zwecks Ausschaltung des Tagesganges der Kernwerte stets nur die zu ein und derselben Tageszeit gewonnenen Meßresultate zu benutzen. Dieser Weg ist wohl für bestimmte Verhältnisse (z. B. isolierte Berggipfel) gangbar; er stellt jedoch bei Siedlungen, besonders in Gebirgslagen, kein *hinreichendes* Mittel für eine derartige Bearbeitung dar, die, wie die Tabelle 24 zeigt, gerade infolge des durch Windrichtung und Windgeschwindigkeit verschiedenen Tagesganges der Kernwerte auch wechselnde Luftmassenbeziehungen ergibt. Aus *Tabelle 25*

Tabelle 25. Mittlerer Tagesgang der Windgeschwindigkeit (m/sec) während der Kernzählungsperiode 1936/37.

0—1	1—2	2—3	3—4	4—5	5—6	6—7	7—8	8—9	9—10	10—11	11—12
1,39	1,40	1,39	1,42	1,34	1,35	1,37	1,58	2,00	2,34	2,58	2,65

12—13	13—14	14—15	15—16	16—17	17—18	18—19	19—20	20—21	21—22	22—23	23—24
2,66	2,68	2,64	2,46	2,23	2,04	1,74	1,46	1,36	1,38	1,46	1,48

ersieht man, daß in den Zeiten von 10—11 Uhr und von 15—16 Uhr im Mittel jeweils fast dieselben Windstärken herrschen; trotzdem ist die Luftmassenbeziehung des Kerngehaltes der Luft in den meisten Fällen eine wesentlich verschiedene. Völlig unmöglich ist die Auswahl der Abendstunde von 18—19 Uhr, da zu dieser Zeit gerade in Gebirgslagen mit zunehmender Luftstagnation und

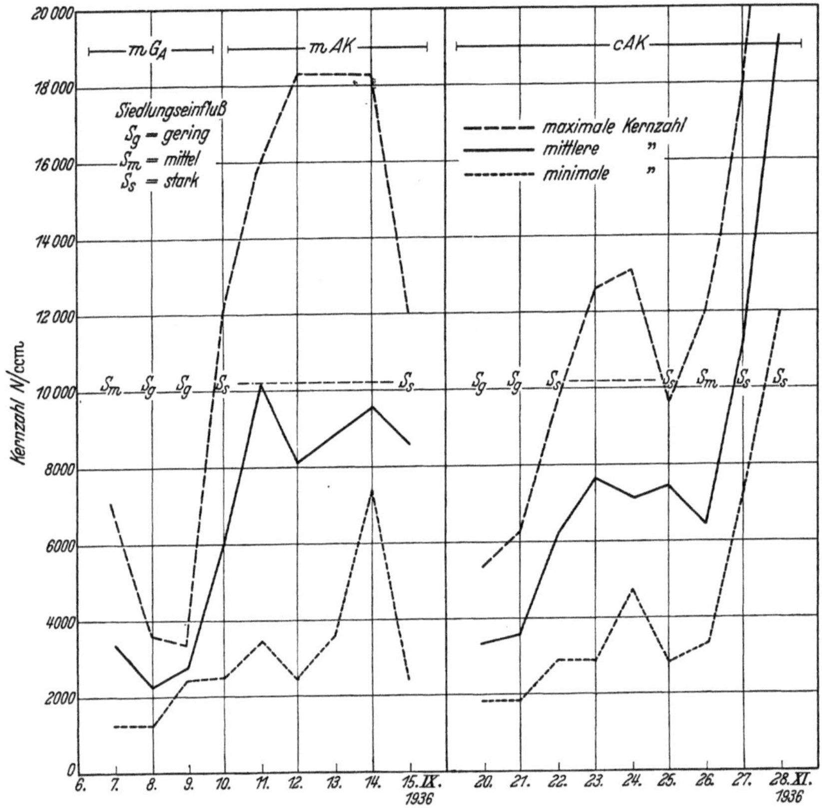

Abb. 18. Kerngehalt und Luftmasse in Bad Elster.

örtlicher Anreicherung der Luft mit Kernen u. a. gerechnet werden muß. Übersichtlicher können die Luftmassenbeziehungen dargestellt werden, wenn die Kernwerte *gleichzeitig nach Windrichtungen* geordnet sind. *Tabelle 26* läßt er-

Tabelle 26. Luftmassen und mittlere Kernverteilung (geordnet nach Windrichtungen).

Luftmasse	N	NNO	NO	ONO	O	OSO	SO	SSO	S	SSW	SW	WSW	W	WNW	NW	NNW	C
mA	2900	5200	7400	2400	5300	—	7300	7700	—	—	—	—	—	—	4700	—	28700
mGA	4200	10900	11300	9600	9700	—	6800	12700	—	7300	7600	3800	6900	9700	12100	6200	47000
mGT	6000	—	12000	—	7200	—	12600	8300	6800	8500	3400	4600	6000	3600	—	10900	14000
mT	—	—	—	—	—	—	—	—	6100	—	3600	—	—	—	—	—	—
cA	1900	—	4400	—	—	—	2900	7800	—	6100	—	4800	—	—	—	—	15000
cGA	—	4800	—	—	—	8900	—	9100	13300	10900	—	—	—	—	—	—	19400
cGT	—	14500	—	—	16900	—	9400	8400	—	—	—	—	6000	—	—	—	—
cT	—	—	—	—	—	—	—	—	10700	—	4800	1400	—	—	—	—	—

kennen, daß jede einzelne Luftmasse durch die näheren und weiteren Verunreinigungsquellen des Meßortes ganz in dem in Abb. 13 wiedergegebenen Sinne beeinflußt wird. Greift man *die Windrichtungen mit weitgehend geringem Siedlungseinfluß* heraus, so ist zu erwarten, daß die für den Ort *nahezu ungestörten Luftmassenbeziehungen* des Kerngehaltes erhalten werden. Alle diese Tatsachen

Tabelle 27. Wahre Kernzahlen und Luftmassen in Bad Elster.

mA	mGA	mGT	mT	cA	cGA	cGT	cT
2900	3800	3400	3600	1900	8900	9400	4800

haben uns veranlaßt, von einer Kernwertangabe für Mischluft (X) abzusehen, da bei diesen Verhältnissen die Kernzahlen alle möglichen Variationen erfahren können.

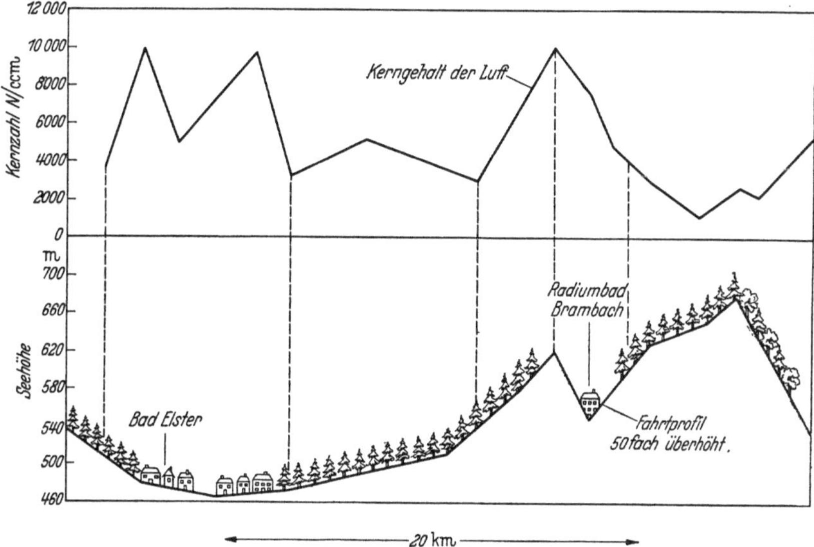

Abb. 19. Kerngehalt bei einer Geländefahrt durch das Obervogtland. (15.—16. IX. 1936.)

Mindestens ebenso wichtig wie diese Kenntnis der „absoluten“ Kernwerte für die einzelnen Luftmassen dürften vor allem in *bioklimatischer Hinsicht Betrachtungen der lokalklimatischen Abwandlungen der Luftmassen* sein, die sich an Hand von Kernzählungsergebnissen gut verfolgen lassen. *Abb. 18* gibt für einzelne Tagesgruppen mit einheitlichen Luftmassen die zugehörigen *täglichen Extrem- und Mittelwerte des Kerngehaltes* der Luft wieder. Man erkennt, daß die jeweils in Tagesgängen ermittelten Minimalwerte angenähert die absoluten Verhältnisse wiedergeben, während die Maxima die mögliche örtliche Beeinflussung (den Siedlungseinfluß) widerspiegeln. Das Beispiel der Tagesfolge im November 1936 weist nach, daß etwa nach 7 Tagen die örtliche Abwandlung der cAK besonders in Erscheinung tritt; ihr ursprünglicher Charakter ist auch nicht mehr in den Minimalwerten zu erkennen.

3. Lokalklimatische Meßfahrten.

Wie sehr der SCHOLZ*sche Kernzähler* sich *bei lokalklimatischen Automeßfahrten* bewährt hat, mögen abschließend die Abb. 19 und 20 dartun. Die erstere zeigt die *Ergebnisse einer Geländefahrt im oberen Vogtland,* die während einer klaren und windschwachen Nacht stattfand. Deutlich sind die Siedlungsgebiete durch höheren Kerngehalt markiert, während das waldreiche und siedlungsarme Zwischengelände sich durch einen geringen Grad der Luftverunreinigung auszeichnet. Hierbei wie in dem nächsten Beispiel wird besonders ersichtlich, wie stark die örtlichen Aerosolabwandlungen der Luftmassen sein können. Die Kernzählungsergebnisse der *Geländefahrt durch das Westerzgebirge* sind außerdem noch

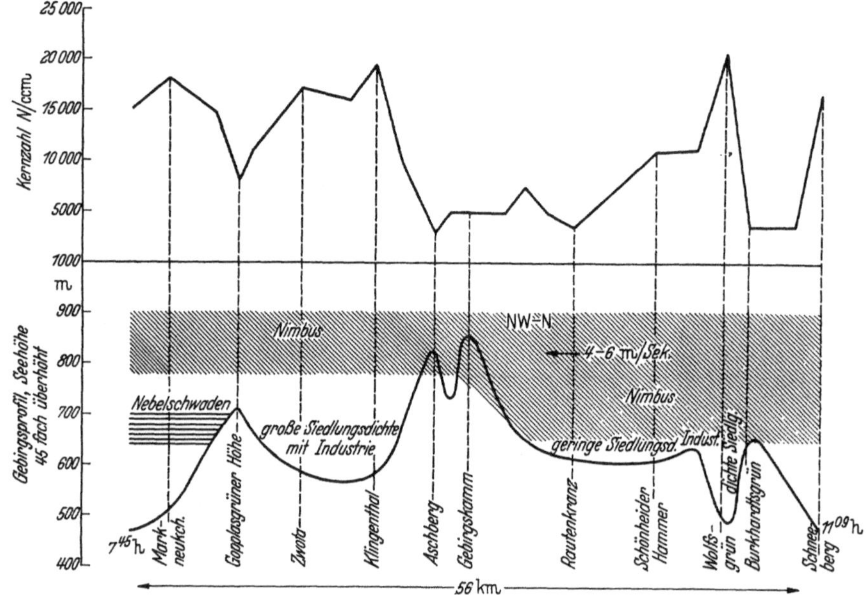

Abb. 20. Kerngehalt bei Gebirgsstauregen. (Geländefahrt durch das Westerzgebirge, 1. X. 1936.)

deswegen bemerkenswert, weil gerade während der Meßfahrt ein anhaltend starker Stauregen (innerhalb von 6 Stunden fielen etwa 10—15 mm Niederschlag) niederging, der in keiner Weise die erwarteten Verhältnisse abänderte.

4. Zusammenfassung.

Es werden Ergebnisse von Kernzählungen aus den Jahren 1936/37 sowie von Staub- und Großionenuntersuchungen aus dem Jahre 1937 mitgeteilt. Dieselben wurden zu den registrierten Elementen der Windrichtung und -stärke am Ort in Beziehung gesetzt. Es ergab sich, daß auf den Kerngehalt der Luft nicht nur die örtliche Siedlung, sondern auch entferntere Rauch- und Staubquellengebiete von Einfluß sind. Die Bedeutung derartiger Untersuchungen für die Kurortklimatologie wird aufgezeigt. Zu dem Problem Luftmasse und Kernzahl wird sodann Stellung genommen und ein Weg aufgezeigt, wie angenähert wahre Kernwerte für die einzelnen Luftmassen ermittelt werden können; es folgt ein Hinweis auf die Ermittlung örtlicher Siedlungseinflüsse auf die einzelnen Luftmassen. Anschließend wird an Hand von Automeßfahrtergebnissen die Bedeutung des SCHOLZschen Gerätes für die Lokalklimatologie dargetan.

Fünfter Teil.

Kernzahlmessungen in Braunlage i. Harz.

Von L. Schulz-Braunlage.

Bereits von meinem Vorgänger H. Kussmann wurden in den Jahren 1932/33 Kernzahlbestimmungen mit einem alten Aitkenschen Kernzähler durchgeführt, die jedoch von ihm innerhalb des Ortes Braunlage, und zwar unten im Tal und im östlichen Teil des Ortes gemacht wurden. Es war daher von vornherein zu erwarten, daß die Werte sehr stark ortsgestört sein würden. Nach Erbauung des Dienstgebäudes im Jahre 1934 in einer Entfernung von 500 m westlich vom Ort wurden erneut Kernmessungen in das Meßprogramm aufgenommen, nun aber mit einem Kernzähler nach Scholz, den die Notgemeinschaft der Deutschen Wissenschaft in dankenswerter Weise zur Verfügung stellte.

Schon ein flüchtiger Vergleich der beiden Zahlenreihen aus dem Jahre 1932/33 und 1934—38 ergibt einen ganz wesentlichen Unterschied der Kernzahlen, aus denen auf eine verschiedene Natur der Kerne geschlossen werden muß, wie weiter unten noch näher ausgeführt werden soll.

Zu der hier vorliegenden Bearbeitung wurden rund 1000 Messungen herangezogen, von denen jede einzelne aus 10 Einzelmessungen besteht, so daß im ganzen rund 10000 Messungen ausgeführt wurden. Trotz dieser Zahl bestehen oft noch Unsicherheiten in den Zusammenhängen mit den meteorologischen Elementen, die hauptsächlich dadurch hervorgerufen wurden, daß das Material wesentlich geschwächt werden mußte infolge Ausschaltungen aller Messungen, die irgendwie ortgestört waren. Diese Ausschaltung erfolgte nach der Feststellung der Abhängigkeit der

Kernzahlen von der Windrichtung. Um zu vermeiden, daß bei den Winterwerten eine Fälschung der Kernzahlen durch den Kaminrauch des Dienstgebäudes stattfand, wurde immer im Luv des Windes gemessen. Die Auszählung der Kernwerte im Zusammenhang mit der Windrichtung, unterteilt in 16 Windrichtungen, ergab Abb. 21. In der Abb. 21 ist der Ortsumriß eingezeichnet und das Ortsgebiet schraffiert. In östlicher Richtung von der Meßstelle kommt ihr der Ort am nächsten, im NO und SO liegt je eine Fabrik und der Bahnhof. Die höchsten Kernzahlen treten bei reinem O-Wind auf, die niedrigsten bei W-Wind. Ich habe aus der gefundenen Kernverteilung alle Windrichtungen von NNO bis S als gestört betrachtet und sie daher für die folgenden Betrachtungen ausgeschlossen. Von SSW bis N sind die Zahlen ungestört durch irgendeinen Ortseinfluß, im ganzen westlichen Bereich erstrecken sich auf weite Entfernungen nur Wälder, die nächstliegende Ort St. Andreasberg liegt in Luftlinienentfernung rund 20 km entfernt. Aus der bekannten Filterwirkung der Wälder kann man schließen, daß die aus westlicher Richtung kommenden Winde als von lokalen Störungen unbeeinflußt betrachtet werden können. Als mittlere Kernzahl bei ungestörter Richtung (SSW—N) ergeben sich 9600 Kerne, bei gestörter Richtung (NNO—S) 21300 Kerne pro ccm. Daraus berechnet sich als mittlerer Störungsfaktor 2,2, bei Gegenüberstellung der extremen Werte von W- und O-Wind ein maximaler mittlerer Störungsfaktor von 5,6, d. h. also bei O-Wind haben wir die 5,6fachen Kernzahlen zu erwarten gegenüber W-Wind.

Einen weiteren Hinweis auf die Kernverteilung bei ungestörter Windrichtung gibt die *Kerngruppenhäufigkeit*, die für die einzelnen Jahreszeiten und für das Jahr ausgezählt wurde (Abb. 22). Im Jahresmittel herrscht die Kerngruppe 4—5000 mit 13,6% vor, die höheren Kerngruppen sind prozentual nur noch schwach besetzt. Die Aufteilung in die einzelnen Jahreszeiten zeigt eine interessante Verschiebung des Schwerpunktes der Häufigkeit: Im Frühjahr liegt er bei der Gruppe 2—3000 mit 18,5%, alle anderen Gruppen kommen nicht über 8% hinaus, im Sommer ist ein starker Sprung nach den höheren Gruppen eingetreten, so daß nun die Gruppe 6—7000 mit 13,3% vorherrscht. Die niedrigen Gruppen bis 3000 sind nur sehr schwach besetzt. Eigenartigerweise trifft diese Gruppenverteilung im Sommer trotz des stärkeren Hervortretens der höheren Gruppen nicht mit dem Maximum im jährlichen Gang (s. S. 116) zusammen. Die höchsten Gruppen >20000 weisen einen Rückgang auf, der sich bis in den Herbst hinein fortsetzt. Hier liegt auch der Schwerpunkt der Gruppenhäufigkeit bereits mit 12,7% bei der Gruppe 4—5000, die auch im Winter vorherrscht. Die stärkste Häufigkeitsumbildung tritt im Winter ein, die Kerngruppen von 1—5000 nehmen 69,6% der Gesamtverteilung ein, von >16000 ist überhaupt keine Gruppe mehr besetzt, d. h. also, daß im Winter die Luft am reinsten ist, daß eine wesentliche Quelle der Kernbildung unterbunden sein muß.

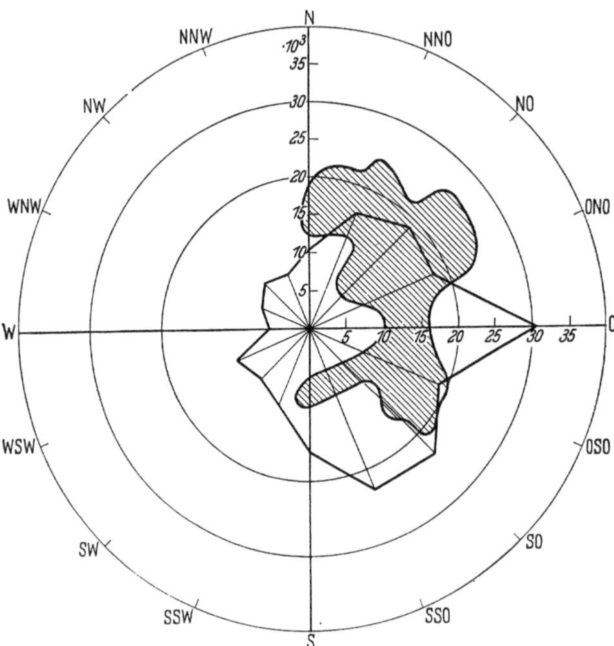

Abb. 21. Kernzahlen in Abhängigkeit von der Windrichtung.

Eine Zusammenfassung der Kerngruppen zu einem Vergleich nach der Einteilung von J. Bleibaum ergibt für Friedrichroda, Travemünde nach den Werten von H. Voigts und Braunlage folgendes Bild, wobei allerdings hervorgehoben werden muß, daß Bleibaum und Voigts mit dem alten Aitkenschen Kernzähler gearbeitet haben.

Gruppe	2000 %	2100—4000 %	4100—7000 %	7100—15000 %	>15000 %
Friedrichroda . . .	17,1	35,2	23,2	19,2	5,3
Travemünde	16,9	23,0	28,9	22,9	8,3
Braunlage	2,5	18,8	27,6	35,9	15,3

Eine sehr starke und überraschende Abhängigkeit stellte sich mit der *Bewölkung* heraus, die zwar an anderen Stellen auch schon gefunden worden ist. So fand JENRICH einen parallelen Gang von Kernzahl und Insolation, den er auf direkte Kernerzeugung durch Sonnenstrahlung zurückführte, ein Schluß, der möglich sein kann, aber niemals quantitativ zu befriedigenden Ergebnissen führen wird. BLEIBAUM findet bei ungestörter Windrichtung nur einen geringen Unterschied der Kernzahlen bei trübem und heiterem Wetter, während KÄHLER einen deutlichen Unterschied bekommt. Er sagt, daß stärkere Stratocumulus-

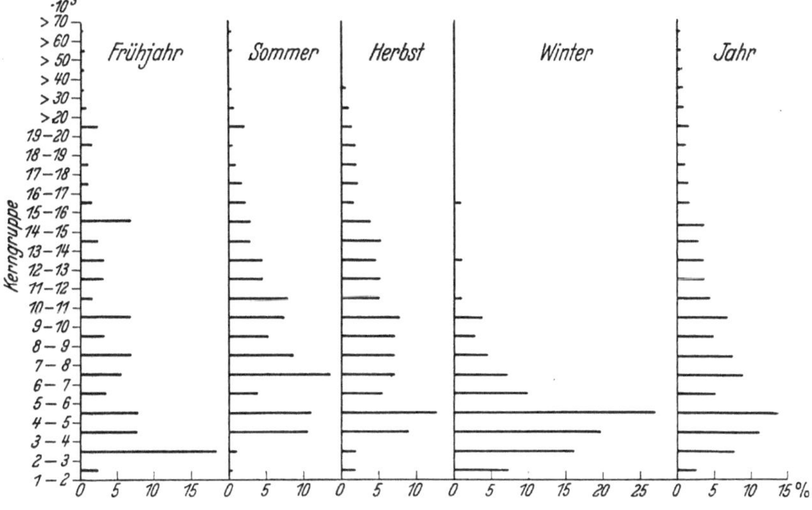

Abb. 22. Kerngruppen-Häufigkeit.

wolken bereits eine Abnahme der Kernzahlen bewirken und daß bei trübem Wetter die Werte noch kleiner sind im Mittel als bei bewölktem. NEUBERGER [3] findet an der Nordsee keinerlei Zusammenhang mit der Bewölkung. Voraussetzung für eine derartige Betrachtung müssen natürlich ungestörte Verhältnisse sein. In Braunlage ergab die Auszählung nach der Bewölkung, die in drei Stufen 0—2, >2—8 und >8—10 Zehntel Himmelsbedeckung vorgenommen wurde und außerdem für verschiedene Tageszeiten, die Tabelle 28.

Tabelle 28. Bewölkung und Kerne.

Bewölkung	Mittel		7—8 Uhr		9—10 Uhr		14—15 Uhr	
	Z	n	Z	n	Z	n	Z	n
Heiter	13300	49	13600	9	9100	24	19300	16
Bewölkt	9200	155	9900	28	6800	58	11000	69
Bedeckt	5850	278	8400	23	4800	164	7100	91

Danach sind im Mittel bei heiteren Tagen über doppelt soviel Kerne vorhanden wie bei trüben. Am größten ist der Unterschied zwischen 14 und 15 Uhr, wo fast das Dreifache erreicht wird. Um nun zu prüfen, ob die Sonnenstrahlung Kerne erzeugt oder ob der Sonnenschein nur von sekundärer Bedeutung ist, wurde die gleiche Auszählung für Tage mit Schneedecke vorgenommen, aus der nun eindeutig hervorgeht, daß die Bewölkung und damit die Sonneneinstrahlung keinen kausalen Zusammenhang mit den Kernzahlen aufweist, daß vielmehr irgendwelche gasigen Bestandteile der Bodenluft kernerzeugend wirken müssen (Tabelle 29). Welcher Art diese sind, kann jetzt noch nicht entschieden werden, es sind jedoch Versuche im Gange, diesen Zusammenhang zu klären. Damit ist auch gleichzeitig bewiesen, daß Stadt- und Landkerne eine andere Natur haben, wie es W. SCHMIDT bereits früher angedeutet hat (vgl. S. 78).

Tabelle 29. Bewölkung und Kerne bei Schneedecke.

Bewölkung	Z	n
Heiter	4800	19
Bewölkt	4800	24
Bedeckt	4950	83

An einem Einzelbeispiel seien diese Verhältnisse noch einmal erläutert: Während des ganzen Winters 1937/38 wurden Kernzahlen über 8000 ccm bei ungestörter Windrichtung nicht festgestellt. Als die Schönwetterperiode Mitte März einsetzt, steigen die Kernzahlen zum erstenmal seit Wegtauen der Schneedecke über 8000 an, und zwar am 15. 3. mit 22500 Kernen beim 9-Uhr-Termin. Seitdem wurden häufiger wieder hohe Kernzahlen gemessen. Der Erdbodenzustand war folgender: Bis zum 15. 3. ist der Erdboden entweder mit Schnee bedeckt oder gefroren. Tagsüber taut er zwar oberflächlich auf und wird feucht. Vom 15. 3. an ist er nicht mehr gefroren, die Erdbodentemperatur in 50 cm Tiefe hielt sich bis dahin um 2,3° herum, seitdem steigt sie unentwegt an. Typisch ist außerdem noch: Am 14. 3. 9 Uhr 15 werden bei Bewölkung 0 und Sonnenschein 2400 Kerne gemessen, die tägliche Sonnenscheindauer beträgt 10,5 Stunden, der Boden ist jedoch noch gefroren. Am 15. 3. 9 Uhr 15 erreichen die Kernzahlen bei gleicher Windrichtung und gleichem Luftkörper bei Bewölkung 0 und Sonnenschein 22500 Kerne. An den folgenden Tagen ist es wieder regnerisch und trübe, die gemessenen Kernwerte sind 2400—3000 Kerne, sie steigen erst wieder an, als heitere Tage einsetzen.

Damit wird auch der *jährliche und tägliche Gang* der Kernzahlen (Abb. 23) leichter erklärbar. Abgesehen davon, daß in dem gefundenen jährlichen Gang noch manche Unsicherheiten stecken, die durch die Schwächung des Materials begründet sind, ergibt sich daraus, daß die Tiefstwerte in den Wintermonaten beobachtet werden, und zwar mit absolutem Minimum im Februar, da dieser Monat hier im Oberharz die größte Schneedeckensicherheit aufweist, so daß kein Kernnachschub vom Erdboden her erfolgen kann. Dann erfolgt ein steiler Anstieg bis zum Mai, in dem das Maximum der mittleren Kernzahlen liegt. Bei dem steilen Anstieg im Frühjahr könnte man daran denken, daß in den Wintermonaten eine Konzentrierung der kernerzeugenden Substanz im Erdboden stattfand, die dann die plötzliche Steigerung der Kernzahlen bei Auftauen des Bodens hervorruft.

Im Vergleich dazu sind mit dem rechten Ordinatenmaßstab in der Abb. 23 die von KUSSMANN gemessenen mittleren Kernzahlen eingetragen, die einen stark abweichenden Verlauf zeigen, dessen Begründung im Meßort liegen mag. Seine Werte sind ortsbedingt und stimmen in ihrem jährlichen Verlauf mit den an anderen ortsgestörten Meßpunkten gefundenen überein (ISRAËL [2], MC. LAUGHLIN, BOYLAN, SARNETZKI [2].

Einen Anhaltspunkt für den Verlauf des *täglichen Ganges* bei heiteren, bewölkten und trüben Tagen erhält man aus der Tabelle 28, in der die Abhängigkeit der Kernzahlen von der Bewölkung gegeben ist. Man sieht daraus, daß der Unterschied zwischen heiter und trübe bis zum Mittagstermin wesentlich größer geworden ist, da ja bei der vermuteten Kernerzeugung vom Erdboden her der Unterschied zwischen früh und mittags je nach dem Wetter größer werden muß.

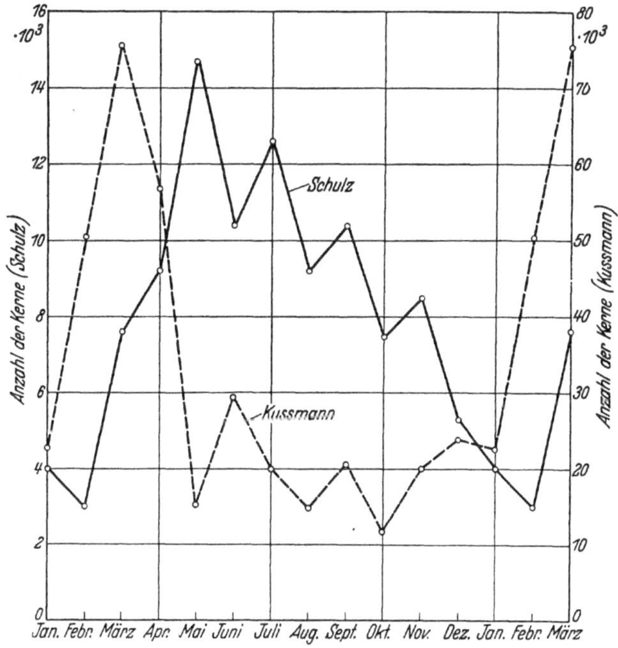

Abb. 23. Jährlicher Gang der Kerne.

In der Tabelle 30 ist der mittlere tägliche Gang dargestellt ohne Rücksicht auf die Bewölkung. Daß die Kernwerte beim 7-Uhr-Termin höher sind, ist in der Bildung einer Inversion begründet, die häufig beim Frühtermin noch in Höhe der Dienststelle liegt. Man könnte diese beiden Stundenwerte wegen der geringen Windstärke, die zu dieser Zeit häufig herrscht, noch als gestört betrachten. Ob das sekundäre Maximum zwischen 15 und 16 Uhr sowie das vorhergehende Minimum reell sind, erscheint unsicher. Für die gestörten Werte ergibt sich ein Gang, dessen Amplitude wesentlich größer ist und dessen Extreme früher liegen, das Maximum bereits zwischen 11 und 12 Uhr. Am Abend gleichen

Tabelle 30. Täglicher Gang der Kerne.

Windrichtung:	SSW – N (ungestört!)		NNO – SSO (gestört!)	
Zeit	Z	n	Z	n
7— 8 Uhr	10800	43	18700	23
8— 9 „	9300	18	13200	7
9—10 „	5500	212	18800	79
10—11 „	10300	19	25000	19
11—12 „	17400	22	38600	21
12—13 „	17800	11	37400	10
13—14 „	19600	12	29000	9
14—15 „	10300	165	18400	45
15—16 „	16400	8	22400	7
16—17 „	11500	10	16600	10
17—18 „	10700	4	17400	7
21—22 „	8600	52	9200	14

sich die Kernwerte der gestörten Richtungen an die ungestörten sehr stark an, da um diese Zeit eine Kernneubildung durch Rauch kaum noch in Frage kommt und der abendlich einsetzende Bergwind eine schnelle Reinigung der Luft bewirkt. Der in Braunlage gefundene tägliche Gang bei gestörter Windrichtung stimmt im wesentlichen mit dem anderer Orte überein, er wird von den meisten Autoren mit dem Wirtschaftsgang in dem betreffenden Ort in Zusammenhang gebracht (W. SCHMIDT, SARNETZKI, MC. LAUGHLIN u. a.).

Relative Feuchtigkeit und Kerne. Bisher wurde stets ein paralleler Gang von Feuchtigkeit und Kernzahlen gefunden, daß also mit abnehmender Feuchtigkeit auch die Kernzahlen abnahmen. In Braunlage stellte sich aber das Gegenteil heraus sowohl im Mittelwert als auch für bestimmte Tagesstunden. Es ist hieraus zu folgern, daß die Natur der Stadt- und Landkerne eine völlig voneinander verschiedene ist und der Zusammenhang mit der Feuchtigkeit nur sekundär ist (Tabelle 31). Die hiesigen Untersuchungen ergeben auch hier wieder eine relativ einfache Erklärung unter dem Gesichtspunkt der Bewölkung. Herrscht

Tabelle 31. Relative Feuchte und Kerne.

Feuchte	Gesamtmittel		9—10 Uhr		14—15 Uhr	
	Z	n	Z	n	Z	n
90—100%	5950	236	4300	121	6300	55
80—89%	7250	88	5200	34	6100	27
70—79%	8200	72	6100	35	8800	23
60—69%	13300	63	4800	7	10700	25
50—59%	15100	38	10300	4	13600	16
40—49%	15400	20	—	—	13900	9

heiteres oder bewölktes Wetter werden auch niedrige Feuchtigkeiten beobachtet werden und umgekehrt bei trübem Wetter. Aus dem Zusammenhang der Kerne mit der Bewölkung als Indikator für stärkere oder schwächere Kernbildung aus dem Erdboden ergibt sich dann auch leicht der Zusammenhang mit der Feuchtigkeit.

Sicht und Kerne. Für die Sicht gilt das gleiche, das eben für die Feuchtigkeit gesagt wurde. Die Werte sind in Tabelle 32 dargestellt gleichfalls wieder an-

Tabelle 32. Sicht und Kerne.

Sicht	Gesamtmittel		9—10 Uhr		14—15 Uhr	
	Z	n	Z	n	Z	n
1	3300	3	3500	2	—	—
2	3500	12	3120	8	4200	4
3	5600	9	4500	6	3990	3
4	5200	26	3850	17	7300	6
5	6440	81	4900	47	7400	22
6	6900	103	4400	51	8400	34
7	8000	92	5800	38	9400	44
8	10300	107	5600	35	10800	41
9	13000	62	6500	11	12300	19

gegeben im Mittel und für einzelne Tageszeiten getrennt. Auch für diesen Zusammenhang ist bisher bekannt, daß zwischen Sicht und Kernzahlen ein ziemlich genau eingehaltenes umgekehrtes Verhältnis besteht (SCHMIDT u. a.). Die hier gefundenen Verhältnisse ergeben aber das Gegenteil woraus die gleiche Schlußfolgerung zu ziehen ist wie bei der Feuchtigkeit. Bei den gestörten Werten ergibt sich kein eindeutiger Zusammenhang. Daß bei Nebel geringe Kernzahlen gemessen werden, ist überall bestätigt.

Windstärke und Kerne. Die Auszählung der Kernzahlen in Abhängigkeit von der Windstärke ergab für die ungestörten Werte den bekannten Zusammenhang, Abnahme der Kernzahlen mit größerer Windstärke infolge stärkerer Turbulenz. Der Anstieg bei Windstärke 6 (Tabelle 33) ist nur durch wenige Messungen belegt und daher zweifelhaft. Die 7—8- und die 9—10-Uhr-Werte zeigen eindeutig die eben erläuterte Abhängigkeit. Die 14—15-Uhr-Werte bringen einen Anstieg der Kernzahl bei Windstärke von 2—4, dann wieder einen Abfall. Ob bei diesen Windstärken zur Mittagszeit ein stärkeres Absaugen der kernbildenden Substanz aus dem Erdboden erfolgt, begünstigt durch die um diese Zeit schon länger wirksam gewesene Einstrahlung, kann noch nicht entschieden werden.

Tabelle 33. Windstärke und Kerne.

Stärke	7—8 Uhr		9—10 Uhr		14—15 Uhr	
	Z	n	Z	n	Z	n
C	12300	5	10600	9	11700	5
1	10500	15	7200	30	6850	18
2	8000	18	5750	71	8800	42
3	7800	7	4700	86	9700	66
4	7900	5	4400	33	9800	28
5	7700	1	3700	8	7400	8
6	10800	3	4700	2	12200	1

Luftkörper und Kerne. Unter dem Mittelwert liegen die Kernzahlen bei den Luftkörpern X, TM, M, P, PM, die in dieser Reihenfolge steigende Kernwerte aufweisen. Über dem Mittelwert liegende Zahlen haben C, J und T (Tabelle 34).

Weiterhin wurden Untersuchungen darüber durchgeführt, inwieweit der abendliche Bergwind der Harztäler die Luft von Kondensationskernen reinigt. In Bad Harzburg ergaben sich dabei ganz erstaunliche Ergebnisse. Bis weit in den Ort hinein macht sich die reinigende Wirkung des Bergwindes bemerkbar, die Kernzahlen können innerhalb kurzer Zeit um 70 bis 80% herabgesetzt werden. Die Untersuchungen laufen noch, es wird später darüber berichtet werden. W. Peppler erwähnt in dem gleichen Zusammenhang, daß der Bergwind in die Dunstschichten ein Loch hineinfrißt, wie er es häufig vom Schauinsland bei Freiburg beobachtet hat.

Tabelle 34. Luftkörper und Kerne.

Luftkörper	Einzelmittel	
	Z	n
X	6800	13
TM	7300	17
M	7400	126
P	8100	25
PM	8300	184
C	10900	7
J	12400	21
T	13100	20
gesamt	9300	413

Ferner wurde während der Blütezeit der Fichten den Kernzahlen erhöhte Aufmerksamkeit geschenkt, um festzustellen, ob die Blütenpollen als Kondensationskerne wirken. Obwohl im Jahre 1936 die Fichten so stark blühten, daß im Ort Braunlage alles mit einem feinen gelben Staub bedeckt war, konnte keinerlei Kernvermehrung beobachtet werden. Das gleiche Ergebnis wurde bei Laboratoriumsuntersuchungen erhalten, bei denen Fichtenblütenpollen direkt in den Kernzähler gebracht wurden.

Literatur.

AITKEN, J.: [1] Dust and meteorological phenomena. Nature (Lond.) **49**, 544—546 (1894); Ref. in Meteor. Z., **11**, 348—350 (1894) — [2] On some nuclei of cloudy condensation. Part I. Trans. roy. Soc. Edinburgh **39**, 15 (1897) — [3] On some nuclei of cloudy condensation. Part II. Proc. roy. Soc. Edinburgh **31** (1911) — [4] On some nuclei of cloudy condensation. Part III. Proc. roy. Soc. Edinburgh **37**, 215—245 (1917) — [5] On a simple pocket dust-counter. Proc. roy. Soc. Edinburgh **18** (1890/91). — ALIVERTI, G.: [1] Elletricità, radioattività, nuclei di condensazione nell'atmosfera di Cortina d'Ampezzo. Boll. Com. Geodes. Geofis. Cons. Naz. Ric. **6**, 81—92 (1936) — [2] Su l'apparecchio di Aitken e misure di condensazione. Boll. Com. Geodes. Geofis. Cons. Naz. Ric. **7**, 43—51 (1937). — ALIVERTI, G., u. G. ROSA: Zur Frage der Adsorption von RaEm an Kernen. Gerl. Beitr. Geophys. **44**, 107—111 (1935). — ALTBERG, W.: About centres of nucleus of water crystallisation. Met. i Hydr. Moskau Nr. 4, 3—12 (1938). — AMELUNG, W.: Heilklimatische Beobachtungen im Vordertaunus. Balneologe **1**, 495—503 (1934). — AMELUNG, W., u. H. LANDSBERG: Kernzählungen in Freiluft und Zimmerluft. Bioklim. Beibl. **1**, 49—53 (1934).

BLEIBAUM, I.: Untersuchung über den Kerngehalt der Luft in Friedrichsroda i. Th. Balneologe **5**, 20—23 (1938). — BOEHM, G.: Aussprachebemerkung in Verh. dtsch. Ges. inn. Med. **47**, 522 (1935). — BOOIJ, J.: Der Föhn und seine pathologische Wirkung. Münch. med. Wschr. **1937**, 135—138. — BOSSOLASCO, M.: [1] Salinità, nuclei di condensazione e precipitazioni. Boll. Com. Geodes. Geofis. Cons. Naz. Ric. **2**, 54—62 (1934) — [2] Über die Anzahl der Kondensationskerne in Mogadischu. Gerl. Beitr. Geophys. **44**, 1—15 (1935) — [3] Erwiderung auf die Bemerkungen von Herrn H. Neuberger zu meiner Arbeit „Über die Anzahl der Kondensationskerne in Mogadischu". Gerl. Beitr. Geophys. **46**, 212—217 (1935). — BOYLAN, R. K.: Atmospheric dust and condensation nuclei. Proc. roy. ir. Acad. **37** A, 58—70 (1926); Ref. in Meteor. Z., **44**, 155 (1927). — BRAAK, C.: On cloud-formation. Koningl. Magn. en Meteor. Observ. te Batavia Verhandl. **10**, 1—14 (1922). — BREZINA, E., u. W. SCHMIDT: Das künstliche Klima in der Umgebung des Menschen. Stuttgart 1937, 212 S. — BURCKHARDT, H.: Messungen der Kernzahl auf der Kalmit. Beitr. Phys. fr. Atm. **24**, 190—198 (1937).

DESSAUER, F. (und Mitarbeiter): [1] Zehn Jahre Forschung auf dem physikalisch-medizinischen Grenzgebiet. Leipzig 1931, 403 S. — [2] Strahlungen und Ladungen in der Atmungsluft. Strahlenther. **55**, 614—632 (1936). — DÖRFFEL, K., H. LETTAU u. M. RÖTSCHKE: Luftkörperalterung als Austauschproblem auf Grund von Staub- und Kerngehaltsmessungen. Meteor. Z., **54**, 16—23 (1937).

EGLOFF, K.: Über das Klima im Zimmer und seine Beziehungen zum Außenklima. Diss. T. H. Zürich Nr. 766, 1934.

FICKER, H. VON, u. A. DEFANT: Über den täglichen Gang der elektrischen Zerstreuung und des Staubgehaltes auf dem Patscherkofel. Sitzgsber. Akad. Wiss. Wien, Math-naturwiss. Kl. **114**, 151—165 (1905). — FINDEISEN, W.: [1] Über das Absetzen kleiner, in der Luft suspendierter Teilchen in der menschlichen Lunge bei der Atmung. Pflügers Arch. **236**, 367—379 (1935) — [2] Entstehen die Kondensationskerne an der Meeresoberfläche?. Meteor. Z., **54**, 377—379 (1937) — [3] Die kolloidmeteorologischen Vorgänge bei der Niederschlagsbildung. Meteor. Z., **55**, 121—133 (1938) — [4] Die Kondensationskerne. Beitr. Phys. fr. Atm. **25**, 220—232 (1939). — FLACH, E.: [1] Ergebnisse von Freiluftionen-Untersuchungen im westsächsischen Mittelgebirge. Bioklim. Beibl. **2**, 12—21 (1935) — [2] Atmosphärisches Geschehen und witterungsbedingter Rheumatismus. Slg Der Rheumatismus **4**, 1938, 122 S.

GEMÜND, W.: [1] Die Beurteilung der Intensität der Rauch- und Rußplage unserer Städte mittels des Aitkenschen Staubzählers. Gesdh.ing. **30**, 21—27 (1907) — [2] Beiträge zur Kenntnis der großstädtischen Luftverunreinigung und des Großstadtklimas auf Grund von Untersuchungen mittels des Aitkenschen Staubzählers. Dtsch. Vjschr. öff. Gesdh.pfl. **40**, 401—429 (1908). — GINER, R., u. V. F. HESS: Studie über die Verteilung der Aerosole in der Luft von Innsbruck und Umgebung. Gerl. Beitr. Geophys. **50**, 22—43 (1937). — GLA-

WION, H.: Staub und Staubfälle in Arosa. Beitr. Phys. fr. Atm. **25**, 1—43 (1938). — GOCKEL, A.: Luftelektrische Beobachtungen im schweizerischen Mittelland, im Jura und in den Alpen. Neue Denkschr. d. Schweiz. Naturf. Ges. **54**, 1. Abh., 22—28 (1917). — GRIMM, H.: Kondensationskernzahl auf der Ostsee. Ann. d. Hydr. **59**, 426—427 (1931).

HAHN, M.: Die Bestimmung und meteorologische Verwertung der Keimzahl in den höheren Luftschichten. Zbl. Bakter. I Orig. **51**, 95—114 (1909). — HESS, V. F.: [1] Neue Untersuchungen über die Ionisierungsbilanz der Atmosphäre auf Helgoland. Gerl. Beitr. Geophys. **22**, 256—314 (1929) — [2] Über Zählungen der Kondensationskerne im Innsbrucker Mittelgebirge. Gerl. Beitr. Geophys. **28**, 129—150 (1930) — [3] Die Ionisierungsbilanz der Atmosphäre. Gerl. Beitr. Geophys., Suppl.-Bd. II, Erg. kosm. Phys. 95—152 (1933). — HESS, V. F., u. C. O'BROLCHAIN: An error in the marking of an Aitken "Pocket dust-counter". Gerl. Beitr. Geophys. **37**, 386—389 (1932).

ILZHÖFER, H., u. H. J. GIESE: Straßenluftuntersuchungen in München. Arch. f. Hyg. **113**, 195 (1935). — ISRAËL, H.: [1] Untersuchungen über schwere Ionen in der Atmosphäre (1. Mitteilung). Gerl. Beitr. Geophys. **23**, 114—166 (1929) — [2] Untersuchungen über schwere Ionen in der Atmosphäre (2. Mitteilung). Gerl. Beitr. Geophys. **26**, 283—313 (1930) — [3] Schwere Ionen in der Atmosphäre. Z. f. Geophys. **7**, 127—133 (1931) — [4] Luftelektrische Messungen im Hochgebirge und ihre mögliche bioklimatische Bedeutung. Gerl. Beitr. Geophys. **34** (Köppenband III), 164—193 (1931) — [5] Bemerkungen zu meinen bisherigen Kernzählungen und zur Frage der Ionenladung. Gerl. Beitr. Geophys. **40**, 29—43 (1933) — [6] Emanation und Aerosol. Gerl. Beitr. Geophys. **42**, 385—408 (1934) — ISRAËL-KÖHLER, H.: [7] Zur Frage der Adsorption von RaEm an Aerosolteilchen. Gerl. Beitr. Geophys. **46**, 413—417 (1936).

JENRICH, GG.: Gleichzeitige Beobachtungen von Empfangsstörungen elektrischer Wellen und der meteorologischen Elemente, besonders der Kondensationskernzahl. Diss. Halle 1914, 29 S. — JUNGE, CHR.: [1] Übersättigungsmessungen an atmosphärischen Kondensationskernen. Gerl. Beitr. Geophys. **46**, 108—129 (1936) — [2] Neuere Untersuchungen an den großen atmosphärischen Kondensationskernen. Meteor. Z. **52**, 467—470 (1935) — [3] Zur Frage der Kernwirksamkeit des Staubes. Meteor. Z. **53**, 186—188 (1936). — JUSATZ, H. J.: Klimaanlagen vom Standpunkt des Hygienikers. Gesdh. ing. **59**, 317 (1936).

KÄHLER, K.: [1] Staubmessungen in Potsdam, auf dem Brocken und auf der Schneekoppe. Ber. Tätigk. Kgl.-preuß. Meteor. Inst. i. J. 1911, Berlin 1912, 137—148 — [2] Einführung in die atmosphärische Elektrizität. Berlin 1929 — [3] Luftelektrische und Staubmessungen in Assuan (Ref.). Meteor. Z. **50**, 277 (1933) — [4] Luftelektrische Messungen während des internationalen Polarjahres 1932/1933 in Potsdam. Wiss. Abh. R. f. W. I, **2**, 38 S. (1935). — KÄHLER, K., u. KW. ZEGULA: Messungen des Kern- und Ionengehaltes der Luft auf Norderney. Ann. d. Hydr. **65**, 111—118 (1937). — KENNEDY, H.: The large ions in the atmosphere. Proc. roy. ir. Acad. **32** A, 1—6 (1913). — KNOCHE, W.: Einige Messungen des Staubgehaltes der Luft über dem Atlantischen Ozean. Ann. d. Hydr. **37**, 447—449 (1909). — KÖHLER, H.: [1] Bemerkungen über die Kondensationskerne. Meteor. Z. **46**, 127—129 (1929) — [2] Über die Kondensation an verschieden großen Kondensationskernen und über die Bestimmung ihrer Anzahl. Gerl. Beitr. Geophys. **29**, 168—186 (1931). — KRASTANOW, L.: Über die Rolle der Kondensationskerne bei den Kondensationsvorgängen in der Atmosphäre. Meteor. Z. **53**, 121—125 (1936). — KRATZER, A.: Das Stadtklima. Slg. Die Wissenschaft Bd. 90. Braunschweig 1937, 143 S. — KUSSMANN, H.: Tätigkeitsbericht der Heilklimat. Forschungsstelle Braunlage. Med. Welt, 1933, Heft 25.

LAHMEYER, F., u. C. DORNO: Assuan. Eine meteorologisch-physikalisch-physiologische Studie. Braunschweig 1932, 68 S. Ref. in Meteor. Z. **50**, 277 (1933). S. KÄHLER [3]. — LANDSBERG, H.: [1] Zählungen von Kondensationskernen auf dem Taunusobservatorium und auf dem Nordatlantischen Ozean. Bioklim. Beibl. **1**, 125—128 (1934) — [2] Observations of condensation-nuclei in the atmosphere. Month. Weath. Rev. **62**, 442—445 (1934) — [3] Sammelreferat: Werkraumluft und Gewerbekrankheiten. Bioklim. Beibl. **2**, 35—37 (1935) — [4] Observations of condensation-nuclei in the atmosphere. (Auszug aus einem Vortrag und Diskussion.) Bull. Americ. Meteor. Soc. **16**, 64—65 (1935) — [5] The environmental variation of condensation-nuclei. Bull. Americ. Meteor. Soc. **18**, 172 (1937) — [6] Atmospheric condensation nuclei. Gerl. Beitr. Geophys., Suppl.-Bd III, Erg. d. Kosm. Phys. 155—252 (1938). — LEHMANN, G.: Die Filterung der Atemluft und deren Bedeutung für die Staubkrankheiten. Erg. Hyg. **19**, 1—88 (1937). — LEHMANN, H.: Die Wirkung des Staubes auf den menschlichen Organismus, seine Bedeutung für die Volksgesundheit und sein Nachweis nach hygienischen Grundsätzen. Kl. Mitt. Preuß. L. A. Wasser-, Boden- und Lufthygiene **10**, 254 (1934). — LETTAU, H.: [1] Die Wirksamkeit einer Großstadt als Quelle von Luftverschmutzung. Gerl. Beitr. Geophys. **31**, 387—397 (1931) — [2] Weiterführung der Freiballonuntersuchungen über effektiven Vertikalaustausch und Luftmassen-Alterung mit Anwendung auf die Frage der Landverdunstung. Meteor. Z. **54**, 406—412 (1937). — LINKE, F.: [1] Luftelektrische Messungen bei 12 Ballonfahrten. Abh. Kgl. Ges. Wiss. Göttingen, Math.-Phys. Kl. III, **5**, 86 (1904) — [2] Wie können Wirkungen von Wetter und Klima auf den Gesundheitszustand zustande kommen? Med. Welt **1931**, 474 — [3] Medizinische Meteorologie. Arch. med. Hydr. **15**, 292—296 (1937) — [4] Zur Physik des künstlichen Klimas. Balneologe **6**, 241—249 (1939). — LÖBNER, A.: Horizontale und vertikale Staubverteilung in einer Großstadt. Veröff. geophys. Inst. Univ. Leipzig **7**, H. 2 (1935). — LÜDELING, G.: [1] Luftelektrische Zerstreuungs- und Staubmessungen auf den internationalen Ballonfahrten am 2. April und 7. Mai 1903. Ill. Aeronaut. Mitt. **7**, 321—329 (1903) — [2] Luftelektrische und Staubmessungen an der Ostsee. Erg. meteor. Beobacht. Potsdam i. J. 1901, Berlin 1904, V—XXII — [3] Luftelektrische und Staubmessungen auf Helgoland. Erg. meteor. Beob. Potsdam i. J. 1901, Berlin 1904, XXIII—XXXV — [4] Luftelektrische Messungen auf der Ostmole bei Swinemünde. Erg. meteor. Beob. Potsdam i. J. 1902, Berlin 1905, V—XV — [5] Luftelektrische und Staubmessungen auf dem Rotersand-Leuchtturm. Erg. meteor. Beob. Potsdam i. J. 1904, Berlin 1908, XXIII—XLII. — LUDWIG, G.: Gleichzeitige Messungen von Kondensationskernen an zwei benachbarten Orten. Meteor. Z. **53**, 106—108 (1936).

MACEK, O.: [1] Zur Frage der Sorption von Radon an Aerosolen. Gerl. Beitr. Geophys. **46**, 353—365 (1936) — [2] Zur Frage der Sorption von Radon und seiner Folgeprodukte durch Aerosole. Gerl. Beitr. Geophys. **47**, 340—356 (1936). — MACK, K.: Untersuchungen des Kerngehaltes der Außen-, Atem- und Pneumothoraxluft. Arb. Staatl. Forsch. Abt. Kurortwiss. med. Klimatol. Marburg, H. 11, 1937. (Diss. Marburg 1937.) — MATHIAS, O.: Über den Kleinionengehalt der Luft auf Helgoland und seine Abhängigkeit von meteorologischen Faktoren. Gerl. Beitr. Geophys. **27**, 360—377 (1930). — MCCLELLAND, J. A., u. H. KENNEDY: The large ions in the atmosphere. Proc. roy. ir. Acad. **30** A, 72—91 (1912). — MCLAUGHLIN, J.: [1] Mesures sur les gros ions à Paris. C. r. Acad. Sci. Paris **184**, 1183—1185, 1571—1573 (1927) — [2] Recherches sur les gros ions. Ann. Inst. Phys. du Globe **6**, 60—85 (1928). — MELANDER, G.: Über Messungen mit Aitkens Staubzähler. Ann. Hydr. **1926**, Köppen-Beiheft, 65—67.

NEUBERGER, H.: [1] Zur Methodik der Kernzählung. Meteor. Z. **52**, 118—119 (1935) — [2] Bemerkungen zu der Abhandlung von Herrn M. Bossolasco, Turin: „Über die Anzahl der Kondensationskerne in Mogadischu." Gerl. Beitr. Geophys. **46**, 208—211 (1935) — [3] Beiträge zur Untersuchung des atmosphärischen Reinheitsgrades. Arch. dtsch. Seewarte **56**, Nr 6, 1—53 (1936) — [4] Beiträge zur Untersuchung des atmosphärischen Reinheitsgrades. Meteor. Z. **54**, 258—261 (1937). — NOLAN, J. J., R. K. BOYLAN u. G. P. DE SACHY: The equilibrium of ionisation in the atmosphere. Proc. roy. ir. Acad. **37** A, 1—12 (1925). — NOLAN, J. J., u. V. H. GUERRINI: [1] The diffusion coefficients and velocities of fall in air of atmospheric condensation nuclei. Proc. roy. ir. Acad. **43** A, 5—24 (1935) — [2] Atmospheric condensation nuclei. Nature (Lond.) **135**, 654 (1935). — NOLAN, J. J., u. P. J. NOLAN: [1] Preliminary account of observations on atmospheric electricity in country air. Gerl. Beitr. Geophys. **25**, 414—428 (1930) — [2] Observations on atmospheric ionisation at Glencree, Co. Wicklow. Proc. roy. ir. Acad. **40** A, 11—59 (1931) — [3] Further observations on atmospheric ionisation at Glencree. Proc. roy. ir. Acad. **41** A, 111—128 (1932/33). — NOLAN, P. J.: Recombination of ions in atmospheric air. Part II. The law of recombination of ions and nuclei. Proc. roy. ir. Acad. **38** A, 49—59 (1928/29). — NOLAN, P. J., u. C. O'BROLCHAIN. Recombination of ions in atmospheric air. Part I. Investigation of the decay coefficient by Schweidlers Method. Proc. roy. ir. Acad. **38** A, 40—49 (1928/29).

O'BROLCHAIN, C.: Measurements made at Graz of the value No/N, i. e. the ratio of the number of uncharged nuclei to number of charged nuclei of one sign. Gerl. Beitr. Geophys. **38**, 4—15 (1933).

PACINI, D.: I nuclei di condensazione e le polveri nell' atmosfera. Mem. R. Uff. Centr. Meteor. e Geofis. III, **3**, 1—19 (1931). — PEPPLEP, W.: Über die unterste Luftschicht, besonders in der Rheinebene. Zt. angew. Meteor. 164—173 (1925). — PERWITZSCHKY, R.: Die Temperatur- und Feuchtigkeitsverhältnisse in der Atemluft in den Luftwegen. Arch. Ohr- usw. Heilk. **117**, 1—36 (1927).

RIEDEL, G.: Bemerkungen zu der Abhandlung von Herrn W. Findeisen: „Entstehen die Kondensationskerne an der Meeresoberfläche“. Meteor. Z. **55**, 64—67 (1938). — RIMPAU, W.: Zur Geschichte der Geoepidemiologie. Veröff. a. d. Geb. d. Volksgesundheitswesens **48**, 269—380 (422. Heft) (1937). — RÖTSCHKE, M.: Untersuchungen über die Meteorologie der Staubatmosphäre. Veröff. geophys. Inst. Univ. Leipzig, 2. Ser., **9**, Heft 1, 1—78 (1937). — ROSA, G.: Über die Absorption der RaEm an Staubteilchen. Gerl. Beitr. Geophys. **45**, 277—279 (1935).

SALLES, E.: Les noyaux de condensation. Exposé général. La Météor. **125**, 349—367 (1935). — SARNETZKY, H.: [1] Der Staubgehalt des Rheinisch-Westfälischen Industriebezirkes in unmittelbarer Erdnähe. Rauch und Staub **7**, 30—31 (1916/17) — [2] Die Staubanzahl und ihr Verhalten in der Luft. Gesundheitsing. 1925, 569. — SCHACHL, P. FLORIAN: Untersuchungen über die Zahl der geladenen und ungeladenen Kondensationskerne in Stadt- und Gebirgsluft. Gerl. Beitr. Geophys. **38**, 202—219 (1933). — SCHMAUSS, A., u. A. WIGAND: Die Atmosphäre als Kolloid. Braunschweig 1929, 74 S. — SCHMIDT, W.: Messungen des Staubkerngehaltes der Luft am Rande einer Großstadt. Meteor. Z. **35**, 281—285 (1918). — SCHOLZ, J.: [1] Ein neuer Apparat zur Bestimmung der Zahl der geladenen und ungeladenen Kerne. Z. Instrumentenkde **51**, 505—522 (1931) — [2] Vereinfachter Bau eines Kernzählers. Meteor. Z. **49**, 381—388 (1932) — [3] Über Messungen der Lebensdauer von Ionen in freier Luft. Gerl. Beitr. Geophys. **40**, 61—74 (1933) — [4] Kernzahlmessungen auf Franz-Josephs-Land. Gerl. Beitr. Geophys. **43**, 419—423 (1935). — SCHULTZ, H., u. A. EVERS: Über Rauminhalation. Münch. med. Wschr. **1936**, 431—433. — SCHULZ, L.: [1] Beiträge zur Kenntnis der Luftionen. Z. physik. Ther. **45**, 120—144 (1933) — [2] Verhütung von Wasserdampfansatz auf den Zählgläsern des Kernzählers und am Aktinographen nach Robitzsch. Meteor. Z. **51**, 156—157 (1934) — [3] Lokalklimatische Untersuchungen im Oberharz. Meteor. Z., Bioklim. Beibl. **3**, 25—29 (1936) — [4] Zur Gezeitenperiode der Ionen an der Nordsee. Meteor. Z. **54**, 305 (1937). — STOYE, K.: Kernzahl, relative Feuchtigkeit und Sicht. Meteor. Z. **44**, 151—152 (1927).

TETENS, O.: Aerologische Beobachtungen während des am 18./19. Mai 1910 erwarteten Durchganges der Erde durch den Schweif des Halleyschen Kometen. Erg. Arb. Kgl. Preuß. Aeronaut. Obs. Lindenberg i. J. 1910, **6**, 219—255 (1911). — TICHANOWSKY, J. J.: Zur Methodik der Messungen mit dem Aitkenschen Kernzähler. Meteor. Z. **45**, 107—108 (1928).

VOIGTS, H.: Ergebnisse von Kernzählungen in Lübeck-Travemünde. Bioklim. Beibl. **3**, 170—174 (1936).

WAIT, G. R.: The measurements of condensation nuclei with an Aitken counter. — Are the Aitken nuclei hygroscopic particles? — Relation between the diurnal variation of Aitken nuclei and the diurnal variation in the rate of change of air temperature. — The number of Aitken nuclei over the Atlantic and Pacific Oceans as determined aboard the Carnegie during the early part of cruise VII. Carnegie Inst. Washington, Yearbook Nr 28, 268—275 (1928/29). — WAIT, G. R., K. L. SHERMAN, and O. W. TORRESON: Diurnal variation in the number of condensation-nuclei at Washington, D. C. Ann. Rep. Director Dept. Terr. Magn., Carnegie Inst., 320 (1930). — WEGENER, A.: Frostübersättigung und Cirren. Meteor. Z. **37**, 8—12 (1920). — WEGENER, A., u. K. WEGENER: Vorlesungen über Physik der Atmosphäre. Leipzig 1935, 31—41. — WIGAND, A.: [1] Über die Natur der Kondensationskerne in der Atmosphäre, insbesondere über die Kernwirkung von Staub und Rauch. Meteor. Z. **30**, 10—18 (1913) — [2] Untersuchungen über Dunstschichten und Temperaturinversionen im Freiballon, mit Messungen der Kondensationskernzahl. Beitr. Phys. fr. Atm. **5**, 178—198 (1913) — [3] Die vertikale Verteilung der Kondensationskerne in der freien Atmosphäre. Ann. Physik **59**, 689—742 (1919) — [4] Über die Nachzügler im Aitkenschen Kernzähler. Meteor. Z. **45**, 275—276 (1928) — [5] Zählungen der Kondensationskerne auf dem Nordatlantik. Ann. d. Hydr. **58**, 212—216 (1930). — WRIGHT, H. L.: [1] Observations of smoke particles and condensation nuclei at Kew Observatory. Geophys. Mem. **6**, Nr 57 (1932) — [2] Small ions and condensation nuclei at Eskdalemuir. Quart. J. roy. Meteor. Soc. **61**, 93—95 (1935). — WOLODARSKI, G.: Untersuchungen über die feinsten Luftstäubchen. Z. Hyg. **75**, 383—397 (1913).

Sachverzeichnis.

Verlag von Julius Springer / Berlin

Der Balneologe

Zeitschrift

für die gesamte physikalische und diätetische Therapie

mit besonderer Berücksichtigung der wissenschaftlichen Bäder- und Klimaheilkunde
(Fortsetzung der Zeitschrift für die gesamte physikalische Therapie)

Organ der Deutschen Gesellschaft für Bäder- und Klimaheilkunde, der Deutschen Gesellschaft für Rheumabekämpfung und der Deutschen Ärztlichen Arbeitsgemeinschaft für physikalische Therapie

Herausgeber:

Professor Dr. **H. Vogt**-Breslau

Redaktion des Referatenteiles:

Privat-Dozent Dr. **S. Dietrich** Berlin

Fachbeiräte:

Professor G. Boehm-München, Professor K. Gollwitzer-Meier-Oeynhausen, Professor W. Heubner - Berlin, Professor F. Linke - Frankfurt a. M., Professor W. Pfannenstiel-Marburg, Professor B. de Rudder-Frankfurt a. M.

Erscheint monatlich — Vierteljährlich RM 12 —

Grundriß einer Meteorobiologie des Menschen. Wetter- und Jahreszeiteneinflüsse. Von Professor Dr. **B. d. Rudder,** Direktor der Universitäts-Kinderklinik Frankfurt a. M. Zweite, völlig neubearbeitete Auflage. Mit 59 Abbildungen. VI, 234 Seiten. 1938. RM 12.60; gebunden RM 14.70

Das Strahlungsklima von Arosa. Von Dr. **F. W. Paul Götz,** Lichtklimatisches Observatorium, Arosa. Mit 31 Abbildungen und 69 Tabellen. VII, 110 Seiten. 1926. RM 7.83

Wetter und Klima. Ihr Einfluß auf den gesunden und auf den kranken Menschen. Von Professor Dr. **Richard Geigel.** IV, 419 Seiten. 1924. RM 7.02; gebunden RM 8.64

Wetter und Wetterentwicklung. Von Professor Dr. **H. von Ficker,** Berlin. („Verständliche Wissenschaft“, 15. Band.) Mit 42 Abbildungen und 11 Karten. VII, 140 Seiten. 1932. Gebunden RM 4.80

Die Filterung der Atemluft und deren Bedeutung für Staubkrankheiten. Von Professor Dr. **Gunther Lehmann,** Kaiser-Wilhelm-Institut für Arbeitsphysiologie, Dortmund. (Sonderausgabe des gleichnamigen Beitrages in „Ergebnisse der Hygiene, Bakteriologie, Immunitätsforschung und experimentellen Therapie“, Bd. XIX.) Mit 30 Abbildungen. 105 Seiten. 1938. RM 7.50

Klima und Gradtage in ihren Beziehungen zur Heiz- und Lüftungstechnik. Von Ing. **M. Hottinger,** Privatdozent an der Eidgenössischen Technischen Hochschule in Zürich. Mit 60 Abbildungen und 60 Zahlentafeln im Text. VII, 120 Seiten. 1938. RM 9.60

Zu beziehen durch jede Buchhandlung